口絵1　河川(北海道神恵内村、写真:西川潮)

口絵2　棚田(新潟県十日町市星峠、写真:西川潮)

口絵3 ニホンザリガニ（写真：西川潮）

口絵4 ケルミとシュレンケ（北関東・尾瀬ヶ原、写真：尾瀬保護財団）

口絵5 谷内坊主（北海道釧路湿原、写真：さっぽろ自然調査館）

口絵6 谷津干潟（写真：tsuch / PIXTA）

口絵7 トキ（写真：中津弘）

口絵8 ヘイケボタル（写真：古谷愛子）

口絵9　オオカワヂシャ（写真：伊藤浩二）

口絵10　オオカワヂシャ（写真：古谷愛子）

口絵11 砂州（写真：伊藤浩二）

口絵12 カワラニガナ（写真：郷間守夫）

口絵13 カワラノギク（写真：tomato54/PIXTA）

口絵14 カワラバッタ(写真:郷間守夫)

口絵15 アカスジカスミカメ
　　　(写真:古谷愛子)

口絵16 オモダカ(写真:古谷愛子)

口絵 17 サンショウモ（写真：古谷愛子）

口絵 18 ヘリジロコモリグモ（写真：西川潮）

口絵 19 クロハラカマバチ（写真：古谷愛子）

口絵 20　クロハラカマバチに寄生された
ヒメトビウンカ（写真：古谷愛子）

口絵 21　ノシメトンボの脱皮殻
　　（写真：野村進也）

口絵 22　夏期湛水田を利用するシギ・チドリ類（写真：古谷愛子）

観察する目が変わる
水辺の生物学入門

西川 潮・伊藤浩二・著
Nisikawa Usio, Koji Ito

はじめに

　「水辺」は、私たち日本人にとって、ゆかりがある地といえるでしょう。日本には、原生自然の川岸や湖岸から、里山景観のため池や水田、都市部の公園の池までさまざまな水辺があり、多くの人が一度は水辺を訪れたことがあると思います。水辺は、私たちの生活や文化に密接なかかわりがあるだけでなく、人間以外の生物の暮らしや社会にも大きく影響を与えています。

　本書には2つの大きなねらいがあります。ひとつは、場所によっても季節によっても変化する水辺の環境に対して、生物が長い年月をかけて獲得してきた生活のしかたや体の形、生物の社会を知っていただくことです。もうひとつは、人間活動の影響を受けて危機的な状況にある水辺とそこに暮らす生物の現状を理解し、人間のかかわりがとくに重要となる里山の水辺で、人間活動と生物の保全再生を両立させる取り組みについて知っていただくことです。

　水辺の環境と生物の特徴や現状を知るには、生物学や生態学、保全生物学の教科書に登場する概念は避けられません。そのため、本書にはやや難しい内容も含まれますが、できるだけ平易な言葉で解説することを心がけました。

水辺の環境や生物に関しては、これまでたくさんの図鑑や専門書が出ています。しかし、水辺の環境と生物のかかわりあいを解説した一般向けの本は、意外とないものです。本書は、生物学に関する専門的な勉強をはじめた方だけでなく、水辺の保全再生にかかわる活動をされている方にも読んでいただきたいと思います。水辺の観察に出かける前に予備知識を身につけたり、野外観察を終えたあとに知識を深めたりするのに役立つでしょう。

　この本を読んで、一人で、仲間と、あるいは家族を連れて、新しい目で水辺を観察したいと思っていただけたら嬉しい限りです。

　　　　2016年6月　著者を代表して　西川　潮

目次

第1章 そもそも水辺とは? …………… 19

- 1-1 水辺とは? …………………………………………… 20
- 1-2 水辺で見られる主な生物 ………………………… 22
- 1-3 水辺の生物の生息地 ……………………………… 23
  - コラム　まぎらわしい名前をもつ生物 ……………… 29

第2章 さまざまな水辺の環境 …………… 33

- 2-1 河川 ………………………………………………… 34
  - 2-1-1 瀬と淵 ………………………………………… 35
  - 2-1-2 水によるかく乱 ……………………………… 37
  - 2-1-3 中規模かく乱仮説 …………………………… 38
  - 2-1-4 上流ー下流の連続性 ………………………… 39
    - コラム　底生動物の採餌機能群 ……………… 44
  - 2-1-5 モザイク状に変化する生息地の定常状態 …… 46
- 2-2 湖沼 ………………………………………………… 47
  - 2-2-1 湖沼面積と生物の種数の関係 ……………… 48
  - 2-2-2 湖と季節的に見られる水の循環 …………… 49
  - 2-2-3 池沼と双安定状態 …………………………… 51
- 2-3 湿原・干潟 ………………………………………… 53

2-3-1　湿原の微地形 ……………………………………… 55
　　2-3-2　干潟、塩性湿地、潮下帯 ……………………… 58
　2-4　ダム湖 ………………………………………………… 61
　2-5　ため池 ………………………………………………… 63
　2-6　水田・用排水路 ……………………………………… 64

第3章　水辺の環境と生物の危機的状況　… 73

　3-1　水辺環境を脅かす人間活動 ………………………… 74
　　3-1-1　生息地の喪失と分断化 ………………………… 74
　　3-1-2　生息地の汚染 …………………………………… 78
　　3-1-3　人間活動の縮小と省力化 ……………………… 79
　　3-1-4　外来種の侵入と在来種の乱獲 ………………… 82
　　3-1-5　気候変動 ………………………………………… 84
　3-2　水辺環境の現状 ……………………………………… 86
　　3-2-1　河川環境の変化 ………………………………… 86
　　　　　河川改修の影響 ………………………………… 86
　　　　　ダム・堰の影響 ………………………………… 88
　　　　　河道の固定化と河原の樹林地化 ……………… 90
　　　　　水質汚染 ………………………………………… 91
　　　　　氾濫原の開発 …………………………………… 92
　　3-2-2　湿原・干潟の環境変化 ………………………… 93

3-3	水辺環境の保全・再生と代用生物 ………………… 95
3-3-1	指標生物 ……………………… 96
3-3-2	アンブレラ種 ………………… 97
3-3-3	キーストーン種 ……………… 98
3-3-4	象徴種 ………………………… 98

第4章　川の流れやかく乱に適応した生物… 103

4-1	河川生物の生活史戦略と繁殖戦略 ………………… 104
4-1-1	流れに対する適応 …………………… 104
	植物の種子の形と水散布 ……………………… 104
	ヤナギ類の種子散布によるすみわけ ………… 106
	底生動物の生活型 ……………………………… 106
	流れを利用した水生昆虫の移動・分散 ……… 109
	流れを利用した水生昆虫の採餌戦略 ………… 110
	魚類と甲殻類の回遊 …………………………… 110
	流れを利用したサケ科魚類の採餌戦略と共存のしくみ… 111
4-1-2	出水に対する適応 …………………… 112
	耐える ………………………………………… 112
	時間的に回避する ……………………………… 115
	空間的に回避する ……………………………… 116
	回復する ………………………………………… 118

	4-1-3	出水かく乱がつくる生物群集 ………………	121
		出水かく乱と植生遷移 ………………	121
		丸石河原固有種の存続のしくみ ………………	123
4-2	河川生物の観察法と採集法 ………………		126
	4-2-1	河川での生物観察の際の服装と注意点 ………………	127
	4-2-2	水中観察 ………………	128
	4-2-3	すくい取りや素手での採集 ………………	130
	4-2-4	ワナでの採集 ………………	133
	4-2-4	河川の植物観察 ………………	134
4-3	河川環境の代用生物 ………………		135
4-4	底生動物から見る河川の水質 ………………		137
	コラム　落葉の分解から見る河川の水質 ………………		142

第5章　水田稲作に適応した生物 ………… 145

5-1	稲作農業の有害生物 ………………		146
	5-1-1	有害動物 ………………	147
	5-1-2	雑草 ………………	150
	5-1-3	病原体 ………………	152
5-2	稲作農業の有用生物 ………………		153
5-3	水田とその周辺に現れる生物の生活史戦略と繁殖戦略 …		159
	5-3-1	水位変動に対する適応 ………………	160

		上陸する ………………………………………	160
		歩いて移動する …………………………………	161
		飛んで移動する …………………………………	162
		動物にくっついて移動する ……………………	162
		穴に隠れる ………………………………………	165
		耐える ……………………………………………	166
		眠る ………………………………………………	167
		切れて増える ……………………………………	169
	5-3-2	化学合成農薬に対する耐性の獲得 ………………	170
5-4	水田生物の観察法と採集法 ……………………………		173
	5-4-1	水田での生物観察の際の服装と注意点 …………	173
	5-4-2	両生類の卵塊数調査（早春）……………………	174
	5-4-3	水生動物のすくい取り（春〜初夏）……………	176
	5-4-4	水生動物・クモ類の見取り（春〜夏）…………	177
	5-4-5	アカトンボの脱皮殻調査（初夏）………………	178
		コラム　近代農業がもたらしたひずみ …………	179
	5-4-6	湿生・水生植物の観察法（夏）…………………	181
	5-4-7	クモ類のすくい取りと観察（秋）………………	182
5-5	水田環境の代用生物 ……………………………………		183
5-6	生物多様性に配慮した水田管理と水辺の生物 ………		186
	5-6-1	生物共生農法 ……………………………………	186

農薬・化学肥料の低減・削減栽培 …………… 188
　　　早期湛水 …………………………………… 189
　　　承水路の設置 ……………………………… 190
　　　水田魚道の設置 …………………………… 191
　　　中干し延期 ………………………………… 193
　　　冬期湛水（ふゆみずたんぼ）……………… 193
　　　夏期湛水（なつみずたんぼ）……………… 194
　　　水田ビオトープ …………………………… 196
　コラム　水田地帯の自然再生 ── 象徴種としてのトキ………… 198

　引用文献 ……………………………………………… 200

第 1 章
そもそも水辺とは？

1-1　水辺とは？

　水辺とは、どのような場所を指すのでしょうか。

　水辺とは主に、河川や湖沼、湿原といった、淡水域から汽水域までの区域（陸水域）の岸に近いところを指します（図1-1）。海岸に近いところは海辺と呼ばれます。どちらの用語も、どこからどこまでを水辺・海辺と呼ぶという厳密な定義があるわけではありません。

　本書では、水辺で見られる生物のなかでも、観察会などで私たちが目にする機会の多い動物と植物を中心として、生活環境の特徴と、生物と環境の関わり合いについて説明していきます。一般に、水辺の生物を取りまく環境には、水深や流速、水質といった物理化学的環境と、捕食者や競争者の存在といった生物的環境がありますが、ここでは、この2つを区別せずに環境と呼びます。

　しかし、一言に水辺の生物といっても、分類群も、生活様式も、餌も、じつに多様です。たとえば、沈水植物や魚類のように一生を水中で過ごす生物もいれば、トンボ類のように幼生期を水中で過ごし、成体期を陸上で過ごす生物もいます。また、トキのように、夜間は木の上につくったねぐらで過ごしますが、日中は水田や水路でドジョウなどの餌を捕る生物もいます。

　このように、水辺には、水中で一生を過ごす生物だけでなく、とくに動物のなかには、生活史（生物個体が発生してから成体となり死ぬまでの生活様式に着目した過程）の一部、もしくは1日の一部を水辺で過ごすものも少なくありません。そのため実際には、「水辺の生物」を他の生物から区別するのは困難です。やや主観的な分類になります

第1章　そもそも水辺とは？

河川

湖

沼

湿原

ため池

水田
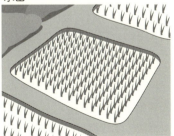

図1-1　水辺

が、第2章では、水辺の生態系ごとに、環境の特徴とともに、代表的な生物について紹介していきます。

1-2　水辺で見られる主な生物

　水辺の生物について解説する前に、生物がもつ共通の特徴やちがいをはっきりさせるために、生物学の分野で使われる「分類階級」について知っておく必要があります。

　現代の生物学で使われる分類体系は、18世紀にリンネが発案した分類階級がもとになっています。近年の分類体系によると、生物は大きく、細菌、アーキア、真核生物といった3つのドメインに分けられます。ドメインとは、現在受け入れられている分類階級のなかでもっとも大きなくくりです。真核生物には、アメーバ界、エクスカバータ界（ミドリムシなど）、クロミスタ界（ゾウムシなど）、菌界（キノコなど）、植物界、動物界が含まれます。近年の分類階級では、「ドメイン」、「界」、「門」、「綱」、「目」、「科」、「属」、「種」の順に、小さな階層となります（表1-1）。また、界以下の各階層には上位と下位の階層の間の中間的な階層もあり、その階層よりも上位の階層には「上」が、下位の階層には「下」や「亜」が接頭辞としてつきます。たとえば、甲殻類は、分類階級では「甲殻亜門」となり、「節足動物門」の下位の階層に位置します。

　水辺の生物にはさまざまな分類群（種、または種の集まり）が含まれ、専門知識のない人が判別できる分類群の階層もさまざまです。タガメのように、見た目で種が判別できる分類群もあれば、線形動物（センチュウ類）のように、一般的には種を判別するのが困難なため、門レ

表1-1 生物の分類階級（ニホンザリガニの例：標準和名「ザリガニ」）

分類階級		ニホンザリガニの分類階級	
ドメイン	Domain	真核生物	Eukarya
界	Kingdom	動物界	Animalia
門	Phylum	節足動物門	Arthropoda
亜門	Subphylum	甲殻亜門	Crustacea
綱	Class	軟甲綱	Malacostraca
目	Order	十脚目（エビ目）	Decapoda
亜目	Suborder	抱卵亜目（エビ亜目）	Pleocyemata
下目	Infraorder	ザリガニ下目	Astacidea
上科	Superfamily	ザリガニ上科	Astacoidea
科	Family	アメリカザリガニ科	Cambaridae
属	Genus	アジアザリガニ属	*Cambaroides*
種	Species	ザリガニ	*Cambaroides japonicus*

ベルでひとくくりにされる分類群もあります。表1-2は、水辺で見られる代表的な生物について、その形の特徴を、もっともとらえやすい上位の階級（門、綱、目など）ごとに整理しました。この表は、水田とその周りで見られる生物を中心にまとめたものですが、多くの生物は他の陸水域でも見られます。

ただし、分類体系は時代とともに大きく変わっています。研究があまり進んでいない分類群では、使用する分類体系が研究者によって異なることも少なくありません。ここでは、2015年時点で多くの研究者に受け入れられている分類体系にもとづいて一覧にしています。

表1-2 水辺で見られる主な生物。桐谷（2010）[1]）をもとに、巌佐ら（2013）[2]）の生物分類表にしたがって整理した

ドメイン	界	門	分類群（亜門・綱・亜綱・目）
細菌 Bacteria		藍色細菌門(シアノバクテリア門) Cyanobacteria	
アーキア Archaea		ユ-リア-キオータ門 Euryarchaeota	メタノコックス綱 Methanococci
真核生物 Eukarya	動物界 Animalia	脊索動物門 Chordata	哺乳綱 Mammalia
			鳥綱 Aves
			竜弓綱（爬虫綱） Sauropsida (Reptilia)
			両生綱 Amphibia
			硬骨魚綱 Osteichthyes
			円口綱 Cyclostomata
		苔虫動物門 Bryozoa	被喉綱（ひこうこう）（被喉類、掩喉類（えんこうるい） Phylactolaemata
			裸喉綱（らこうこう）（裸喉類） Gymnolaemata
		節足動物門 Arthropoda	クモ綱 Arachnida
			クモ亜綱（書肺類） Pulmonata
			ダニ亜綱（無肺類） Apulmonata
			甲殻亜門 Crustacea
			鰓脚綱 Branchiopoda
			顎脚綱 Maxillopoda
			貝形虫綱（貝虫綱） Ostracoda
			軟甲綱 Malacostraca
			六脚亜門（昆虫類） Hexapoda
			内顎綱 Entognatha
			外顎綱（昆虫綱） Ectognatha (Insecta)
		緩歩動物門 Tardigrada	真クマムシ綱 Eutardigrada
		環形動物門 Annelida	環帯綱 Clitellata
			貧毛亜綱 Oligochaeta
			ヒル亜綱 Hirudinoidea
		軟体動物門 Mollusca	腹足綱 Gastropoda
			二枚貝綱 Bivalvia
		線形動物門 Nematoda	ドリライムス綱 Dorylaimea
			クロマドラ綱 Chromadorea
		腹毛動物門 Gastrotricha	毛遊目（イタチムシ類） Chaetonotida
		輪形動物門 Rotifera	真輪虫綱 Eurotatorea
		海綿動物門 Porifera	尋常海綿綱 Demospongiae
		刺胞動物門 Cnidaria	ヒドロ虫綱 Hydrozoa
		扁形動物門 Platyhelminthes	有棒状体綱 Rhabditophora
			三岐腸類 Tricladida
	植物界 Plantae	維管束植物門 Tracheophyta	被子植物綱 Magnoliopsida
			基部被子植物類・モクレン類
			単子葉類 Monocotyledons
			真正双子葉類 Eudocots

第1章 そもそも水辺とは？

田んぼの生きもの全種リストの掲載種数[1]	代表的な種類	学　名
129	アナベナ属（ネンジュモ科）	Anabaena
-	メタノミコロビウム属（メタノミクロビアルス目）	Methanomicrobium
50	ツキノワグマ（クマ科）	Ursus thibetanus
189	トキ（トキ科）	Nipponia nippon
20	クサガメ（イシガメ科） ヒバカリ（ナミヘビ科）	Mauremys reevesii, Amphiesma vibakari
41	アカハライモリ（イモリ科） トノサマガエル（アカガエル科）	Cynops pyrrhogaster, Pelophylax nigromaculatus
140	キタノメダカ（メダカ科）	Oryzias sakaizumii
3	スナヤツメ（ヤツメウナギ科）	Lethenteron reissneri
15	オオマリコケムシ（オオマリコケムシ科）	Pectinatella magnifica
2	チャミドロコケムシ（チャミドロコケムシ科）	Paludicella articulata
109	アシナガグモ（アシナガグモ科）	Tetragnatha praedonia
32	マルミズダニ（オオミズダニ科）	Hydrachna (Diplohydrachna) globosa
65	ミジンコ（ミジンコ科）	Daphnia pulex
55	ヤマトヒゲナガケンミジンコ（ケンミジンコ科）	Eodiaptomus japonicus
-	イボオヨギカイミジンコ（カンドナ科）	Physocypria nipponica
35	ニホンザリガニ（アメリカザリガニ科） ヤマトヨコエビ（アゴナガヨコエビ科）	Cambaroides japonicus, Sternomoera japonica
9	シロトビムシ属（シロトビムシ科）	Onychiurus
1,717	ゲンゴロウ（ゲンゴロウ科） アキアカネ（トンボ科）	Cybister japonicus, Sympetrum frequens
1	ヤマクマムシ属（ヤマクマムシ科）	Hypsibius
33	イトミミズ（ミズミミズ科）	Tubifex tubifex
4	ウマビル（ヒルド科）	Whitmania pigra
55	モノアラガイ（モノアラガイ科）	Radix auricularia japonica
18	イシガイ（イシガイ科）	Unio douglasiae
1	ウンカシヘンチュウ（シヘンチュウ目）	Agamermis unka
18	イネシンガレセンチュウ（ヨウセンチュウ目）	Aphelenchoides besseyi
-	イタチムシ属（イタチムシ科）	Chaetonotus
162	ツボワムシ属（ツボワムシ科）	Brachionus
17	ヨワカイメン（タンスイカイメン科）	Eunapius fragilis
-	ヤマトヒドラ（ヒドラ科）	Hydra japonica
-	ナミウズムシ（サンカクアタマウズムシ科）	Dugesia japonica
20	ドクダミ（ドクダミ科）	Houttuynia cordata
546	コナギ（ミズアオイ科）	Monochoria vaginalis var. plantaginea
1290	セリ（セリ科）	Oenanthe javanica

ドメイン	界	門	分類群（亜門・綱・亜綱・目）
真核生物 Eukarya	植物界 Plantae	維管束植物門 Tracheophyta	球果植物綱 Pinopsida
			ソテツ綱 Cycadopsida
			ヒカゲノカズラ綱 Lycopsida
			シダ植物綱 Monilopsida
			トクサ亜綱 Equisetidae
			ハナヤスリ亜綱 Ophioglossidae
			ウラボシ亜綱 Polypodiidae
		苔植物門 Marchantiophyta	ゼニゴケ綱 Marchantiopsida
			ウロコゴケ綱 Jungermanniopsida
		ツノゴケ植物門 Anthocerotophyta	ツノゴケ綱 Anthocerotopsida
		蘚植物門 Bryophyta	ミズゴケ綱 Sphagnopsida
			マゴケ綱 Bryopsida
		緑藻植物門 Chlorophyta	アオサ藻綱 Ulvophyceae
			緑藻綱 Chlorophyceae
		コレオケーテ植物門 Coleochaetophyta	コレオケーテ藻綱 Coleochaetophyceae
		シャジクモ植物門 Charophyta	シャジクモ綱 Charophyceae
		ホシミドロ植物門 Zygnematophyta	ホシミドロ綱 Zygnematophyceae
		紅色植物門 Rhodophyta	真正紅藻綱 Florideophyceae
		灰色植物門 Glaucophyta	灰色藻綱 Glaucophyceae
	アメーバ界 （アメーバ生物界） Amoebobiota	アメーボゾア門（アメーバ動物門） Amoebozoa	ツブリネア綱 Tubulinea
			変形菌綱 Myxomycetes
	エクスカバータ界 Excavata	ペルコロゾア門 Percolozoa	ヘテロロボーセア綱 Heterolobosea
		ユーグレノゾア門 Euglenozoa	ユーグレナ藻綱 Euglenophyceae
	クロミスタ界 Chlomista	門不明	アクチノフリス目（無殻太陽虫目） Actinophryiales (Actinophryida)
		ラビリンチュラ門 Labyrinthulomycota	ラビリンチュラ綱 Labyrinthulomycetes
		偽菌門 Pseudofungi	卵菌綱 Oomycetes
		オクロ植物門（不等毛植物門） Ochrophyta (Heterokontophyta)	黄金色藻綱 Chrysophyceae
			珪藻綱 Bacillariophyceae
		繊毛虫門 Ciliophora	
		渦鞭毛植物門 Dinophyta	渦鞭毛藻綱 Dinophyceae
		放散虫門 Radiozoa	タクソポデア綱 Taxopodea
		ケルコゾア門 Cercozoa	プロテオミクサ綱 Proteomyxidea
			グロミア綱 Gromiidea
		クリプト植物門 Cryptophyta	
		ヘリオゾア門（太陽虫門） Heliozoa	
	上界不明	門不明	ロストファエリダ目 Rhotosphaerida
	菌界 Fungi	門不明	ヌクレアリア目 Nucleariida
		ツボカビ門 Chytridiomycota	ツボカビ綱 Chytridiomycetes
		接合菌門 Zygomycota	
		子嚢菌門 Ascomycota	フンタマカビ綱 Sordariomycetes
		担子菌門 Basidiomycota	菌蕈綱（きんじんこう） Hymenomycetes

26

第1章　そもそも水辺とは？

田んぼの生きもの 全種リストの掲載種数[1]	代表的な種類	学　名
10	ヒノキ（ヒノキ科）	*Chamaecyparis obtusa*
1	ソテツ（ソテツ科）	*Cycas revoluta*
12	ミズニラ（ミズニラ科）	*Isoetes japonica*
4	スギナ（トクサ科）	*Equisetum arvense*
4	フユノハナワラビ（ハナヤスリ科）	*Botrychium ternatum*
91	サンショウモ（サンショウモ科）	*Salvinia natans*
12	イチョウウキゴケ（ウキゴケ科）	*Ricciocarpos natans*
15	ウロコゴケ（ウロコゴケ科）	*Heteroscyphus argutus*
7	ニワツノゴケ（ツノゴケ科）	*Phaeoceros laevis*
1	オオミズゴケ（ミズゴケ科）	*Sphagnum palustre*
62	ハイゴケ（ハイゴケ科）	*Hypnum plumaeforme*
2	シオグサ属（シオグサ科）	*Cladophora*
67	アミミドロ属（アミミドロ科）	*Hydrodictyon*
1	コレオカエテ属	*Chaetosphaeridium*
39	シャジクモ（シャジクモ科）	*Chara braunii*
45	アオミドロ属（ホシミドロ科）	*Spirogyra*
−	ニホンカワモズク（カワモズク科）	*Batrachospermum japonicum*
−	*Cyanophora paradoxa*（Glaucocystaceae）	*Cyanophora paradoxa*
17	オオアメーバ（アメーバ科）	*Amoeba proteus*
1	シロジクツボカビ（ムラサキホコリ科）	*Diachaea elegans*
2	ネグレリア属（バールカンピア科）	*Neglaria*
42	ユーグレナ属（ユーグレナ科）	*Euglena*
1	アクチノフリス属（アクチノフリス科）	*Actinophrys*
1	ディプロフリス属（アンフィトレマ科）	*Diplophrys*
1	*Aphanomyces astaci*（Leptolegniaceae）	*Aphanomyces astaci*
10	サヤツナギ属（サヤツナギ科）	*Dinobryon*
45	フナガタケイソウ属（フナガタケイソウ科）	*Navicula*
173	ゾウリムシ（ゾウリムシ科）	*Paramecium caudatum*
4	ギムノディニウム属（ギムノディニウム科）	*Gymnodinium*
1	スチコロンケ属（スチコロンケ科）	*Sticholonche*
2	バイオミクサ属（バイオミクサ科） ペナルディア属（ヌクレアリア目）	*Biomyxa* *Penardia*
5	グロミア属（グロミア科）	*Gromia*
5	カゲヒゲムシ属（クリプトモナス科）	*Cryptomonas*
2	カラタイヨウチュウ（有中心粒目）	*Acanthocystis*
1	ラブディオフリス属	*Rabdiophrys*
1	ヌクレアリア属（ヌクレアリア科）	*Nuclearia*
2	カエルツボカビ（ツボカビ科）	*Batrachochytrium dendrobatidis*
6	*Smittium morbosum*（Legeriomycetaceae）	*Smittium morbosum*
41	イネいもち病菌（ピリクラリア科）	*Magnaporthe grisea*
67	イネ紋枯病菌（ツノタンシキン科）	*Thanatephorus cucumeris*

注：アメーバ界、エクスカバータ界、クロミスタ界、菌界の分類はここ数年で大きく変わっており、桐谷編（2010）との対応関係が困難な分類群が含まれるため、種数はあくまで目安である。
[1] 桐谷圭治（編）『田んぼの生きもの全種リスト 改訂版』農と自然の研究所・生物多様性農業支援センター、大同印刷、2010 年
[2] 巌佐庸、倉谷滋、斎藤成也、塚谷裕一（編）『岩波生物学辞典 第 5 版』岩波書店、2013 年

1-3　水辺の生物の生息地

　一般に、生物が生活する空間は、動物の場合は「生息地」、植物の場合は「生育地」と呼ばれます。本書ではこれらを区別せず、「生息地」とします。

　水辺の生物にとって、生息地のタイプや大きさはさまざまです。たとえばトキは、森林をねぐらにし、水田や畑、河川・水路、あぜなどで餌を捕るので、里山全体が生息地になります。これに対し、一生を水のなかで過ごすクロモやエビモなどの沈水植物は、湖沼の沿岸域や湿原、河川などが主な生息地になります。

　生活史のどの段階を見るかによっても生息地は変わってきます。カゲロウ類などの昆虫類の多くは、幼虫時代を河川のなかで過ごし、成虫になると陸に上がるので、幼虫の生息地は河川ですが、成虫の生息地は陸上となります。

　カゲロウ類の幼虫をさらに細かく見ると、コカゲロウ類では水深が浅く、流れの速い瀬にある石を主な生息地としているのに対し、モンカゲロウ類では、水深が深く、流れの緩い淵に堆積した砂利のなかを主な生息地にしています。

　また、アメリカザリガニのように、世界のいたるところに運ばれ、導入先の河川や湖、湿原、水田、ため池といった幅広い淡水環境に適応しているものから、ニホンザリガニのように、本州北部から北海道にかけての水のきれいな小河川や池でしかほとんど見られないものまでいます。このように、水辺の生物は、生活のしかたや環境耐性に応じて生息地が大きく異なります。

まぎらわしい名前をもつ生物

　通常、生物の名前に、2つ以上の言葉を組み合わせて使うときには、最初に来る言葉が後に来る言葉を修飾することが多いと思います。たとえば、アシナガグモはアシの長いクモです。しかし、生物のなかには、後に来る名前が種名と必ずしも一致しないものがいます。

　たとえば、きれいな川の中上流部で底生無脊椎動物（底生動物）の観察をしていると、たいていヘビトンボの幼虫が見つかります（図1-2）。ヘビトンボというと、ヘビのような細長いトンボをイメージするかもしれません。強力なあごをもち、腹部には体節ごとに1対のえらがあるので、ムカデのようにも見えます。しかし、ヘビトンボは、トンボでもムカデでもなく、ヘビトンボ目（広翅目）に属する昆虫の一種です。どちらかというと、トンボ類よりはウスバカゲロウ類（幼虫はアリジゴク）と近縁です。気性が荒く、一説によると、成虫が、

図1-2　ヘビトンボ（写真：西川潮）

図1-3　左：ザリガニミミズ（体長7.0mm）、右：カムリザリガニミミズ（体長2.3mm）
　　　（写真：大高明史）

まるでヘビが鎌首をもたげるように首をもちあげて相手を威嚇することから、「ヘビ」の名がついたといわれています。「トンボ」は4本の羽がトンボのように見えることに由来していると考えられます。

ザリガニ類やエビ類の体表には、外部共生者と考えられるヒルミミズ類が付着していることがあります（図1-3）。ザリガニ類・エビ類はヒルミミズ類に生活の場を与え、逆にヒルミミズ類はザリガニ類・エビ類の体表やエラに付着した微生物や粒状有機物を食べていると考えられています。ヒルミミズ類は、ヒル類とミミズ類の特徴をあわせもち、かつては貧毛綱（ミミズ綱）に分類されていたため、ヒルのようなミミズという意味からヒルミミズという名前がつけられたと考えられます。その後、分類の研究が進み、ヒルミミズ類はミミズ類よりもヒル類により近縁なことがわかってきました。現在、ヒルミミズ類はヒル綱に分類されているので[1]、ミミズヒルと呼ぶほうが分類学的な位置づけがわかりやすいかもしれませんが、名前はヒルミミズのままです。

分類群が違うのに同じ名前をもつ生物もいます。等脚目（ワラジムシ目）のミズムシ（図1-4）とカメムシ目のミズムシ類（科）（図1-5）は、

図1-4　ミズムシ（写真：野村進也）

図1-5　コミズムシ（写真：野村進也）

ともにミズムシと呼ばれます。しかし、一方は甲殻類で、もう一方は昆虫類なので、これらはまったく別ものです。なお、白癬菌（はくせんきん）によってもたらされるヒトの足の感染症も水虫と呼ばれますが、いずれもこの水虫とは無関係です。

　地域によって呼び名が異なる、在来種のような名前をもつ外来種もいます。ウチダザリガニ（滋賀県以外での呼び名）、タンカイザリガニ（滋賀県での呼び名）は、ともに北米原産の外来ザリガニですが、これらの名前には、日本人の名前（元北海道大学・内田亨教授）、またはため池の名前（滋賀県高島市の淡海湖）が使われています（図1-6）。そのため、ウチダザリガニ、タンカイザリガニは在来種であると勘違いする人が多いようです。また、ウチダザリガニとタンカイザリガニは、頭部の形態が異なるという理由から、導入当初は別種と考えられていましたが、遺伝解析の結果、これらは原産地を異にする複数の集団が、違う割合で混じってできた同じ種の集団であることが明らかになっています[2]。いずれにしても、これらの和名はややこしいので、英語名 signal crayfisn にもとづき、シグナルザリガニとも呼ばれます。

図1-6　シグナルザリガニ（写真：西川潮）

第2章 さまざまな水辺の環境

第1章では、水辺と、そこにすむ生物について簡単に紹介しました。この章では、河川や湖沼、湿原・干潟、ダム湖、ため池、水田・用排水路といった水辺環境ごとに、生物とその生活環境の特徴を紹介します。

　なお、「湿地」という語もよく使われますが、これは、一般用語と学術用語で定義が異なります。一般用語では、湿地は湿った土地を表すのに対し、学術用語では、英語の「wetland」の定義を踏まえて、水辺環境だけでなく、マングローブや藻場、サンゴ礁といった浅海域を含みます。本書では一般用語として湿地を使います。

2-1　河川

　河川生態系の大きな特徴は、源流部から河口までの流域全体で見ると、上流から下流にかけて、流れの速さ、水深、石の大きさ、水質といった環境が連続的に変化すること、そして、季節や降雨によって流量が大きく変動することです。私たちが河原に立って川を眺めても、流れが速く水面に波が立っている場所と、流れが緩やかで水面に波が立っていない場所があることがわかります。河川生態系の大きな特徴は、流域全体で見ても、ある範囲を見ても、環境変動（場所や時間による環境の違い）が大きいことです。

　河川で生活する生物もまた、これらの環境変動に適応しています。最初に、河川生態系を特徴づける重要な概念について解説し、次に河川に現れる代表的な生物とその生息環境の特徴を、上流域、中流域、下流域に分けて見ていきます。

2-1-1　瀬と淵

　水生生物にとっての河川の生息地は、「瀬」と「淵」に大きく分けられます。流れが速く浅い場所は瀬と呼ばれ、流れが緩やかで深い場所は淵と呼ばれます（図2-1）。瀬はさらに、波の立ち方によって「早瀬」と「平瀬」に分けることができます。水面の波が泡立ち白く見える場所は早瀬と呼ばれ、水面の波がしわのようにうねって見える場所は平瀬と呼ばれます。また、流速や水深に応じて石の大きさが異なり、早瀬や平瀬といった瀬では大きな石が多いのに対し、淵では砂が多くなります。

　実際には瀬や淵といった区分けは相対的なもので、川によっても場所によっても、それぞれの生息地を特徴づける流速や水深、石の大きさは異なります。河川の上流部から中流部にかけては、通常、瀬と淵が連続してあらわれるので、これを「瀬・淵構造」と呼びます。ただし、大きな河川では、下流部から河口域にかけての区域は瀬・淵構造がはっきりしなくなります。

　中流域を例にとると、瀬を代表する生物は、石の表面についた付着藻類を食べているアユや、石の表面にへばりついて生活するヒラタカゲロウ類でしょう。一方、淵を代表する生物としては、サクラマスなどの大型の肉食魚類や、砂に潜って生活するモンカゲロウ類があげられます。ただし、瀬と淵を利用する生物は、同じ種でも、季節によっても、時間帯によっても、また、同種の他個体や他種との関係によっても異なってきます。

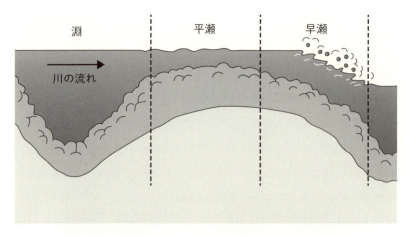

図 2-1　河川の瀬と淵（岩手県葛根田川、写真：西川潮）

2-1-2　水によるかく乱

　私たちが普段、河川で生物の観察ができるのは、川の水位が安定している平水時(へいすいじ)です。しかし、ひとたび大雨で水かさが増すと(出水時(しゅっすいじ))、もとの流路の形が変わってしまうほど大きく環境が変化します。このような流量の増加による環境変化を「出水かく乱」と呼びます。

　出水かく乱には、発生するタイミングが季節的にある程度予測できるものと予測しづらいものとがあります。積雪が多い地域では、雪融けによる増水が毎年ほぼ同じ時期に発生するため、このような「融雪出水」が発生するタイミングはある程度予測できます。ただし、融雪出水の規模は直前の冬の積雪量によって大きく変動します。一方、雨によってもたらされる「大雨出水」は、本州以南の地域であれば梅雨や台風の接近が多い時期に発生しやすいことはたしかですが、台風や低気圧の発生のタイミングや経路に左右されるため、その発生の時期、規模ともに予測しづらいといえます。

　一方、夏の暑い時期には、河川水が極端に少なくなり、川底の大部分が乾いた状態になることがあります。これを「干上(ひあ)がり」と呼びます。干上がりも水によるかく乱のひとつで、降水が少ない時期の河川中流域や最源流部で見られます。渇水が長く続くと水生生物は行き場を失い、陸生生物も乾燥に強いものしか生き残れなくなります。渇水時に川底に残った水たまりには、周辺の水域から逃れてきた生物たちが集まっているかもしれません。

　このように水によるかく乱は、河川の生物にとってすむ場所が失われたり、死亡する直接の原因となったりすることが多いため、悪い印象があるかもしれません。しかし、多くの生物がすみにくい環境であ

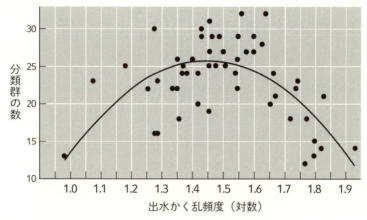

図 2-2　中規模かく乱仮説。Townsend *et al.* (1997) を一部改変

るからこそ、このようなかく乱環境に適応した生物たちもいます。そういった生物たちにとって、ときおり発生する出水や干上がりは、新しいすみかをつくる重要なはたらきをしています。

2-1-3　中規模かく乱仮説

　出水かく乱は河川の生物にとって必ずしも悪いことばかりではないことを、河川の底生無脊椎動物（底生動物）を例にとって紹介しましょう。

　ニュージーランドの河川でおこなわれた研究では、出水かく乱の頻度が中程度のときに、底生動物の多様性（分類群の数）がもっとも高くなることが示されています[3]（図 2-2）。出水かく乱がほとんど起こらない環境では、餌や生息地といった資源をめぐる競争に強い種が他種を排除するため、底生動物の多様性が低くなります。一方、出水

かく乱が頻繁に起こる環境では、流れの影響を受けて底生動物が減ります。出水かく乱が中程度の場合、かく乱の影響を適度に受けて特定の種が増えづらくなるため、底生動物の多様性がもっとも高くなるのです。

これを「中規模かく乱仮説」といいます。中規模かく乱仮説は、必ずしもすべての分類群や生態系に当てはまるわけではありませんが、底生動物に限らず、生物の分布や多様性を決めるうえで、主要な概念のひとつに位置づけられています。

2-1-4　上流―下流の連続性

河川を流域という大きな視点で見てみましょう。「河川連続体仮説（River Continuum Concept ; RCC）」とは、河川の上流から下流にかけて、環境や生物群集、そして、生産や分解といった生態系のはたらきが連続的に変化するという仮説です[4]（図2-3）。河川上流域では、川幅が狭く、水面の大部分が周囲の森林の樹冠によって覆われ、光の供給が制限されるため、川底の付着藻類による光合成生産量が低くなります。一方で川を覆う樹冠からは、落葉や落枝などの有機物が多量に供給されます。これらの有機物は、バクテリアや菌類、破砕食者（コラム「底生動物の採餌機能群」参照）と呼ばれる水生昆虫による分解や、川の流れなどの物理的影響を受けて、細かい粒子に分解され、下流へと運ばれます。河川上流域では、カゲロウ類やカワゲラ類、トビケラ類、ヘビトンボ、ヨコエビ類、サワガニ、ニホンザリガニといった底生動物や、イワナ、ヤマメといった肉食魚が見られます。また、渓谷の岩場には、増水に適応した渓流植物と呼ばれるネコヤナギ

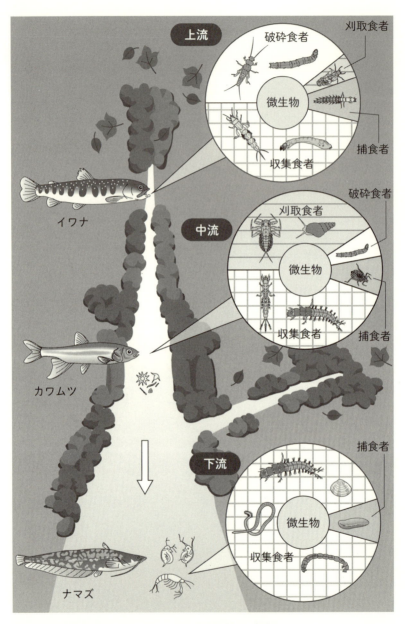

図 2-3　河川連続体仮説。Vannote *et al.*（1980）を一部改変

やユキヤナギ、サツキなどが、砂や礫地にはカワヤナギやツルヨシなどの植物が見られます。

　中流域では、川幅が広がり、樹冠が河川の水面を覆う面積が少なくなるため、上流域と比べて、河川に注ぐ太陽光の量が増えます。そのため、川底の付着藻類による光合成生産量が高まり、礫表面の付着藻類を餌とする刈取食者や、上流から流れてくる粒状有機物をろ過して食べたり、堆積した粒状有機物を集めて食べたりする収集食者が優占し、破砕食者の割合が相対的に少なくなります。ヒゲナガカワトビケラのように石と石の間に網を張り流下有機物を捕えて食べる水生昆虫や、ウグイ、カワムツ、オイカワといった雑食魚類が姿を現します。また、中流域の川岸で見られる生物は、頻繁に起こる出水によって流されやすい運命にあります。カワラヨモギ、カワラニガナ、カワラバッタなど、頭に「カワラ」とつく生物の多くは、頻繁に起こる出水によりつくりだされた、乾燥しやすく栄養に乏しい河原の厳しい環境に適応した生物たちです。

　下流域では、さらに川幅が広がりますが、水深が深くなり、水中の懸濁物が増えるため、川底に到達する太陽光の量は再び少なくなります。大河川の下流域ではとくに流れが遅い環境が発達しやすいため、植物プランクトンが発生しやすくなります。下流域では、付着藻類の光合成生産量が低くなるため、底生動物は粒状有機物や堆積有機物を餌として利用する収集食者が優占します。また、大きな生息空間を必要とするコイやナマズ、生活史のなかで陸・川・海を利用するクロベンケイガニ、淡水と海水が混じり合う汽水域に生息するハゼ類や、カニ類、ヤドカリ類、そして本来は海水魚でありながら汽水域に入ってくるボラやスズキといった周縁性淡水魚が見られます。下流域では上・

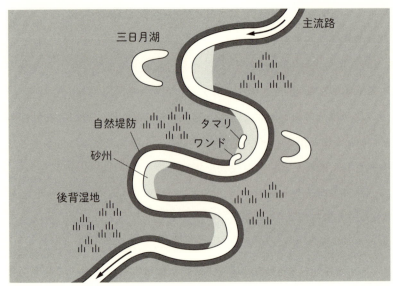

図2-4 河川の中流〜下流域で見られる氾濫原の地形

中流域のように径の大きい土砂移動は生じませんが、ひとたび出水が起きると、水位が高い状態が数日から1週間程度続きます。このような場所では、冠水に耐えられるアカメヤナギやハンノキが増えてきます。

　河川の中・下流域では、出水時を除くと、通常は流れのない水域（止水域）も見られます。河川の氾濫によって運ばれた土砂が堆積してできた平地を「氾濫原」といいます。河川の中・下流域には洪水流によって運ばれた土砂が堆積した微高地である「自然堤防」ができ、大規模な出水が起きると、洪水流が自然堤防を越えて氾濫します。自然堤防があり、水が川に戻りづらいため、やがてそこに湿地が形成されます。こうしてできた湿地が「後背湿地」です（図2-4）。後背湿地には、ヨシやハンノキ、アカメヤナギなどが見られます。

また、河川の蛇行部が長い年月をかけて流路から取り残された「三日月湖」と呼ばれる水域もあります（図2-4）。三日月のような形をしていることから名づけられました。

　さらに、平水時に本流路とつながっている流れの緩やかな水域を「ワンド」、本流路から隔離された小さな水域を「たまり」といいます。いずれも英語ではバックウォーター（backwater）と呼ばれます。ワンド（湾処）はもともと、水制工と呼ばれる治水のための工作物の間にできた、本流路とつながる流れの緩やかな水たまりのことを指します。タナゴの一種のイタセンパラが生息する、淀川のワンド群（大阪府）が有名です。後背湿地や三日月湖といった氾濫原水域は、出水時の水生動物の避難場所や、稚魚の生息地、止水域を好む動植物の生息地として重要な役割を果たしています。

コラム　底生動物の採餌機能群

　底生動物は、口器と呼ばれる口の器官の形や、餌のとり方から、大きく5つの採餌機能群に分けられます（表2-1）。しかし、採餌機能群は、必ずしもその生物が食べているものを反映するわけではありません。多くの底生動物は、動物と植物の両方を食べる雑食性です。実際、多くの底生動物にとって主要な餌のひとつとなるデトリタス（植物や動物の腐ったもの）は、植物の腐ったものと動物の腐ったものの両方からなります。また、通常、底生動物は、成長段階や季節、場所によって食べる餌が変わります。このように、採餌機能群の解析は、底生動物が食べているものを正確に把握するうえでは限界がありますが、これまで、河川連続体仮説などにより河川生態系の構造を理解するうえで、また、河川の健全性を評価するうえで用いられてきました（第4章のコラム参照）。採餌機能群にはより細かい分類もありますが、ここでは4つの主要な採餌機能群を紹介します[5]。

　破砕食者（shredder）は、落葉や落枝をかみ砕いたり、これらの表面を削り取ったりします。オナシカワゲラ科やガガンボ科などが代表例です。

　収集食者（collector）には、刺毛と呼ばれるとげ状の毛や、ろか器官、網を用いて水中に浮遊する粒状有機物や藻類を収集する「ろ過食者（filterer）」と、川底に堆積した粒状有機物、藻類、微生物を集めて食べる「堆積物採集食者（gatherer）」がいます。ろ過食者の例としてブユ科、堆積物採集食者の例としてモンカゲロウ属があげられます。

　刈取食者（grazer）は、石表面の付着藻類をひげで掃き取ったり、根こそぎ剥ぎ取ったりします。ヒラタカゲロウ属やニンギョウトビケラ属が例としてあげられます。

捕食者（predator）は、生きた小動物を丸ごと飲み込んだり、かみ切ったり、それらの体液を吸ったりします。トンボ目幼虫やヘビトンボ科が代表的です。

表2-1 底生動物の採餌機能群

採餌機能群	特　徴	代表例
破砕食者（はさいしょくしゃ） ガガンボ	落葉や落枝をかみ砕く、またはその表面を削り取る。	オナシカワゲラ科 クロカワゲラ科 カクツツトビケラ科 ホタルトビケラ属 コバントビケラ属 ガガンボ属
収集食者（しゅうしゅうしょくしゃ） チラカゲロウ	刺毛（しもう）、ろか器官、網を用いて水中に浮遊する粒状有機物や藻類を収集する（ろ過食者）。 河床に堆積した粒状有機物や、藻類、微生物を集めて食べる（堆積物採集食者）。	ろ過食者 チラカゲロウ属 ヒゲナガカワトビケラ属 シマトビケラ科 ブユ科 堆積物採集食者 ミズミミズ科 トビイロカゲロウ属 モンカゲロウ属 トウヨウマダラカゲロウ属
刈取食者（かりとりしょくしゃ） エルモンヒラタカゲロウ	石表面の付着藻類や、粒状有機物、微生物をひげではき取る、または根こそぎはぎ取る。	コカゲロウ属 ヒラタカゲロウ科 ヤマトビケラ科 コエグリトビケラ科 クロツツトビケラ科 ニンギョウトビケラ属 アミカ科
捕食者（ほしょくしゃ） ヘビトンボ	生きている小動物を飲み込む、かみ切る、または小動物の体液を吸汁する。	トンボ目 アミメカワゲラ科 カワゲラ科 ヘビトンボ科 ナガレトビケラ科 ミヤマイワトビケラ属 ムラサキトビケラ属 モンユスリカ亜科 ナガレアブ科

2-1-5　モザイク状に変化する生息地の定常状態

　中流域の河原を上空から見ると、丸石河原（角の取れた丸い石が転がっている河原）や砂地、草地、樹林地がまるでパッチワークのように複雑に入り組んで分布していることがわかります（図2-5）。パッチワークとは、さまざまな色や形、種類の布片を継ぎ合わせてひとつの図柄をつくる手芸のことです。このように、異なる種類の生息地が交じり合っているさまを「パッチ構造」と呼びます。

　大きな出水かく乱から一定期間が過ぎたあとで、出水前と比較して生息地の配置や面積が変わっても、全体で見るとその構成内容は大きく変わらないことがあります。これを、「モザイク状に変化する生息地の定常状態（Shifting mosaic steady-state）」といいます。モザイクとは、石やガラスの小片を寄せて模様や図案をつくる美術技法のことですが、この場合、生息地のパッチが集合した景観のことを指します。それぞれの生息地のパッチを見ると、生物の絶滅や移入が繰り返される不安定な生態系ですが、さまざまな生息地のパッチの集合体であるパッチ構造全体で見ると、安定した生態系といえます。

　河川の生物たちは、時間的・空間的に大きく変動する生息地のパッチをわたり歩くことで命をつないでいます。とくに河原のように、出水かく乱により生息地の生成・消失が繰り返される環境で生活する生物は、通常、高い移動能力や種子散布能力をそなえています。カワラニガナやカワラバッタなどがその例です。新しくできた河原と、かく乱から長く時間が経過した河原で、どのような生物が暮らしているかを比較すると、新しい生息地にいち早く移住してくる生物の特徴が見えてきます。詳しくは4章で説明します。

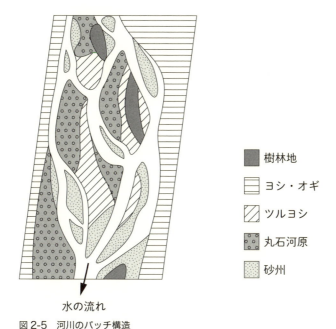

図 2-5　河川のパッチ構造

2-2　湖沼

　陸上の水域は大きく分けて、湖、沼、池があり、これらは通常、「湖沼」と呼ばれます。はたして、湖、沼、池に違いはあるのでしょうか。
　広辞苑によると、湖は、「周囲を陸地で囲まれ、直接海と連絡のない静止した水塊。ふつうは中央部が沿岸植物の侵入を許さない程度の深度（5〜10 メートル以上）をもつもの」、そして沼は、「湖の小さくて浅いもの。ふつう、水深 5 メートル以下で、泥土が多く、フサモ・クロモなどの沈水植物が繁茂する」と定義されています。湖と沼は、中央部の深さが異なり、水生植物が中央部にあるか（沼）、ないか（湖）

で区別されます。池は、「地を掘って人工的に水をためた所。自然の土地のくぼみに水のたまった所」とあり、湖や沼より表面積が小さい止水域を指します。

　このように、日本では、湖、沼、池は、面積と水深によって呼び分けられています。英語では、これらの止水域を表す語として、主に湖(lake)と池（pond）が使われ、水深ではなく面積によって区別されているようです。実際には、国内外ともに、湖、沼、池を分ける科学的な基準はありません。釧路湿原にある塘路湖のように、湖という名称で呼ばれていても、最大水深が３ｍしかない場合もあります。

　本書では、湖、沼、池といった止水域を表す一般用語として「湖沼」を用いますが、生物とその生息地の特徴を理解するために、最初に、湖沼面積と生物の関係を紹介します。次に、中央部の水深に応じて湖（５ｍ以上）と池沼（５ｍ未満）に分け、湖で見られる季節的な水の循環と、池沼で見られる２つの安定状態（双安定状態）について解説します。

2-2-1　湖沼面積と生物の種数の関係

　生態学の分野で広く受け入れられている理論に「島の生物地理学(Island biogeography)[6]」があります。島の生物地理学では、島の面積が増加するにつれ、生物の種数が増えていくと説明されています。はたして、水生生物にとっての「島」である湖沼でも、同様の関係が見られるのでしょうか？

　スイスの80の湖沼（面積 0.0006 〜 9.4 ha）で、水生植物、二枚貝綱、巻貝綱、コウチュウ目（水生コウチュウ類）、トンボ目成虫、

無尾目（カエル目）を対象としておこなわれた研究によると、湖沼面積の増加とともに種数が増加した分類群は、水生植物、巻貝綱、トンボ目成虫で、なかでも面積との相関がもっとも高かったのはトンボ目成虫でした[7]。二枚貝綱、コウチュウ目、無尾目では、相関は見られませんでした。ただし、湖沼面積の大きさによって、そこに生活する生物の種構成が異なりました。

　デンマークでも、796 の湖沼（面積 0.012～4,200 ha）で、水生植物、植物プランクトン、動物プランクトン、魚類を対象とした調査がおこなわれています[8]。その結果、水生植物と魚類では、湖沼面積の増加とともに種数が増加しましたが、植物プランクトンと動物プランクトンでは顕著な相関は見られませんでした。魚類は面積 0.1 ha 未満の小湖沼では生息が確認されませんでした。

　これらのことから、湖沼面積の増加とともに、水生植物、トンボ目成虫、魚類といった一部の分類群では種数が増える傾向にあり、湖沼面積が変わると、そこで生活する生物種の構成も変わりますが、多くの分類群は湖沼面積以外の物理化学的要因（リン濃度、周囲の土地利用など）や生物的要因（捕食者の存在、餌量など）の影響を大きく受けていると考えられます。

2-2-2　湖と季節的に見られる水の循環

　冷温帯域から温帯域にかけて存在する湖では、季節に応じて水の循環が見られます[9]（図 2-6）。冬になると、外気温の低下とともに湖面が凍り、表面の水温は 0°C になります。水温は、底に近づくにつれ高くなり、湖底では 4°C になります。このように、垂直方向に水温の

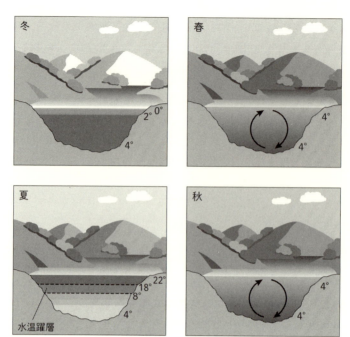

図2－6　湖の季節的な水の循環

異なる層ができていることを「水温成層」といいます。春になると湖の表面の氷が融け、4℃まで温まると、水が垂直方向に循環しはじめます。この水の循環は、水の密度は4℃で最大になるため、重い水が下に沈むことによって起こります。夏になると、湖の表面が温まり、湖底は冷たいままなので、今度は冬とは逆の水温成層が形成されます。秋になると、外気温の低下とともに、湖の表面が冷やされます。表面の水が4℃まで下がると、重い水が下に沈み、再び垂直方向に循環しはじめます。なお、熱帯域では気温の季節変化が少ないため、湖では1年中、水温成層が見られます。

　湖の沿岸域には植生帯が発達することもありますが、沖合域は水深

が深く、光が湖底まで到達しないため、植生は見られません。主要な生産者（光合成などを通じて無機物から有機物を合成する生物）は、沿岸域では水生植物や藻類、沖合域では植物プランクトンとなり、それらを食べる動物プランクトンや水生昆虫、魚類、鳥類によって食物網が形成されます。

2-2-3 池沼と双安定状態

池沼には、透明な水の系と濁った水の系の2つの安定状態（双安定状態）があることが知られています[10]（図2-7）。水質悪化や外来種の侵入などにより池沼の環境状態が悪化した場合には、透明な水の系から濁った水の系へ、急激に移行します。いったん安定状態が濁った水の系へと移行すると、よほど環境状態が改善されない限り、透明な水の系には戻りません。

透明な水の系を代表する生物は、水生植物です。水生植物は生活型に応じて、抽水植物、浮葉植物、浮遊植物、沈水植物に大きく分けられます。水生植物群落が発達していると、それらを餌や隠れ家とする昆虫類や動物プランクトンといった小動物が増え、さらにこれら小動物を餌とする鳥類や両生類、魚類も多様になります。

一方、濁った水の系を代表する生物は植物プランクトンです。植物プランクトンは光合成をおこなう微生物の総称で、珪藻類や藍藻類（シアノバクテリアとも呼ばれる）、渦鞭毛藻類などが含まれます。池沼の周囲から窒素やリンといった栄養塩が流れ込むと、水中の窒素やリンが高濃度になり、植物プランクトンが大量に増えるとアオコや赤潮が発生します。アオコ・赤潮形成植物プランクトンは、毒素をもつこ

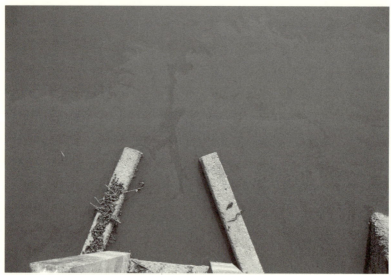

図 2-7 池沼の双安定状態。上は水草が優占する系、下は植物プランクトンが優占する系
（写真：上、大封裕介、下、西川潮）

とにくわえ、多量に発生した植物プランクトンが光合成をおこなうことにより、炭酸ガスが消費されて水中のpHが高くなります。結果として、日中は溶存酸素（水のなかに溶けている酸素）が過飽和状態になることもありますが、夜間の植物プランクトンの呼吸による消費、さらには死んだ植物体が微生物により分解される（腐敗する）ときの酸素の消費によって、溶存酸素は欠乏します。その結果、魚類や鳥類が毒にあたったり酸欠になったりして大量死します[11]。

2-3　湿原・干潟

　湿原は、浅い湖沼が土砂や植物遺体で埋まり、陸地化してできる湿った草地です。また、何らかの原因で排水不良となった森林や、草地が沼地化して湿原になる場合や、河川下流部の後背湿地が湿原になる場合もあります。一般に、淡水によって湿った草地が「湿原」と呼ばれ、塩水や汽水によって湿った草地は「塩性湿地」と呼ばれます。

　湿原はその遷移段階の順に、低層湿原、中間湿原、高層湿原に分類できます（図2-8）。地下水位が地表面と同程度で、鉱物質の土砂（泥や砂）が混じった富栄養状態の場所に、ヨシやスゲ類が優占する低層湿原が形成されます。植物が生育・枯死を繰り返し、未分解の植物遺体（泥炭）が積み重なり続け、水面より上に泥炭がたまるようになると、高層湿原になります。高層湿原は地表面が地下水位より高いところにあり、降雨や融雪、霧によってのみ水が補給されるため、ミズゴケ類など貧栄養条件で生育可能な植物が優占します。低層湿原から高層湿原への遷移の途中段階が中間湿原です。中間湿原では、主にヌマガヤを優占種とする低茎または高茎の草本群落が成立します。

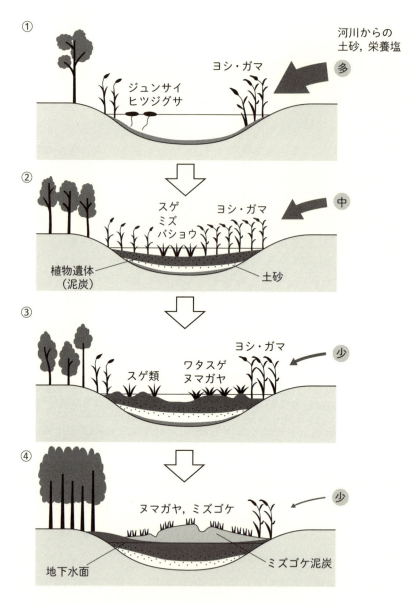

図 2-8 低層湿原、中間湿原、高層湿原

一般に、植物遺体などの有機物は、一定の酸素がある条件のもとでは、低温・過湿条件では分解しにくく（泥炭が蓄積しやすい）、高温条件では分解が早く進みます（泥炭が蓄積しにくい）。そのため、高層湿原は、気温の低い高原や高緯度地域で成立しやすく、暖かい地方ではあまり発達しません。

　泥炭が蓄積しないような環境下でも、中間湿原に出現するような植物群落が成立する場合もあります。低標高の丘陵地帯の谷や、斜面下の地下水が染み出る場所には、湧水湿地や鉱質土壌湿原と呼ばれる小規模な湿原が形成され、モウセンゴケやイヌノハナヒゲなどの希少な植物の生息場となっています[12]。

2-3-1　湿原の微地形

　いっけん単調な植生に見える湿原のなかにも、微地形によって多様な生物環境が存在します。微地形とは、一般の地形図では表現されないような小規模な地表面の凹凸のことです。たとえば、すり鉢状になった湿原の周縁部では、中央部よりも水没する機会が少なく、ミズゴケに低木が混じる群落が形成されます。湿原に河川が流入する部分では、流入土砂の影響で小高い微地形が形成され、その上に樹林が帯状に成立します。

　また、植物自身が異なる微地形をつくりだすことがあります。たとえば、亜寒帯の緩い傾斜地にある高層湿原では、まるで水田とあぜのように見える微地形があり、凸部（あぜに見える微地形）をケルミ、凹部（水田に見える微地形）をシュレンケと呼びます（図2-9、口絵4）。高さ20〜30cmほどのケルミにはツルコケモモやヒメシャクナ

図 2-9 ケルミとシュレンケ（北関東・尾瀬ヶ原、写真：尾瀬保護財団）

ゲなど地下水位よりやや高い場所を好む種が、シュレンケには過湿条件を好むモウセンゴケや、ホロムイソウなどの抽水植物、ヒツジグサなどの浮葉植物が生育します。

　長年、ケルミとシュレンケができる過程は謎でした。最近の研究[13]からは、湿原の植物遺体が融雪水の流れに乗って運ばれる際に、流れの方向に対し垂直方向に帯状に堆積し、その凸部で植物が成長・枯死を繰り返すにつれてケルミとシュレンケが徐々に形成されていくことが示されています（図 2-10）。

　同様に、高層湿原のハンノキ林内には、谷内坊主と呼ばれる、イネ科やスゲ属植物の成長に伴い形成される凹凸を観察することができます（図 2-11、口絵 5）。谷内坊主の上は水没しにくいため、他の植物に生活する場を提供します。

第 2 章　さまざまな水辺の環境

①表流水の流れにのって植物遺体が集積。地表に凸凹が形成される。

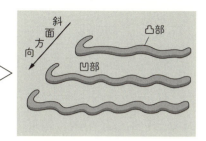

②地表面に連続した高まりが発達。通常は地表面は乾いた状態だが，融雪や大雨時には少しの水たまりができる。

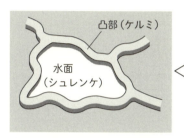

④ケルミ頂部とシュレンケ底部の比高は 0.5〜2.0m ほどになる。シュレンケ内には沈水植物や浮葉植物以外は生育できない。

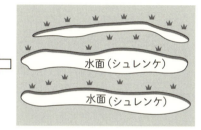

③ケルミとシュレンケが明確に分かれて常時水たまりができる。ケルミ同士の間隔は数 m から 20m 程度。

図 2-10　ケルミとシュレンケの成立過程

図 2-11　谷内坊主（北海道釧路湿原、写真：さっぽろ自然調査館）

このように、微地形に応じて多様な植生がパッチ状に分布することが、湿原の生物多様性を生みだす要因になっています。

2-3-2　干潟、塩性湿地、潮下帯

　干潟は干潮時、海岸部に一時的に出現する、石あるいは砂泥質の平坦な湿地環境です。満潮時の海岸線（高潮線）と干潮時の海岸線（低潮線）の間である潮間帯にあたります（図2-12）。アサリやハマグリといった漁獲対象種の二枚貝などの生産性が高いだけでなく、有機物の分解を通じて、海洋生態系の食物連鎖の起点となる重要な場所です。ほかにも水質浄化機能、渡り鳥の採餌・越冬場所としての機能、仔稚魚や海生動物の幼生の成長場所としても重要な役割を果たしています。

　ただし、海岸であればどこにでも干潟が見られるわけではありません。一般に有明海や瀬戸内海など干満差の大きい（数mほど）内湾では干潟が発達しやすく、干満差が小さい（30cmほど）日本海沿岸には大規模な干潟はありません。

　干潟は、大きく分けて「河口干潟」、「潟湖干潟」、「前浜干潟」の3つの種類に分類されます（図2-13）。河口干潟は、潮汐の変動によって水位が変動する河口域（河口感潮域）に砂泥が堆積して形成される干潟で、大きな河川の河口でよく見られます。潟湖干潟は、浅海や河川河口域の一部が砂州や砂丘、三角州によって外海から隔離されて形成される干潟です。前浜干潟は、河川などにより運ばれた砂泥が海に面した区域に堆積して形成される干潟で、三角州や砂浜海岸の沖合に発達します。

第 2 章　さまざまな水辺の環境

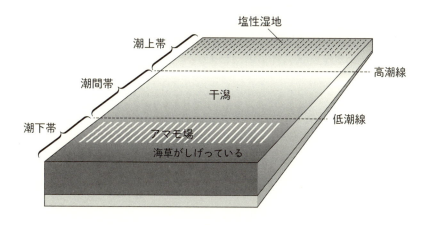

図 2-12　潮上帯と潮下帯

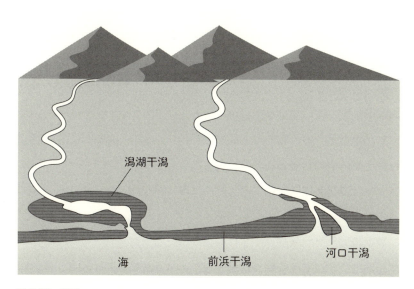

図 2-13　干潟

これら環境の違いに応じて、そこに暮らす生物相も異なります。食卓に上がる貝類で私たちになじみの深いヤマトシジミは、淡水と海水が混じり合う汽水域に発達する河口干潟が主な生息地で、成貝は泥質〜砂礫質の場所に見られます。アサリやハマグリは河口干潟にも見られますが、ヤマトシジミよりはやや塩分濃度が高い場所や、河川の影響を受ける前浜干潟で見られます。

　干潟とならんで海辺の生物にとって重要な生息地があります。それは、干潟の後背地に広がる塩性湿地（潮上帯）と、干潟の沖合（潮下帯）です。塩性湿地は干潟の辺縁部（後背地）などの、波浪の影響が小さい場所に形成される湿地です（図2-12）。

　たとえば、北海道や瀬戸内海の塩性湿地には、ホウレンソウの仲間（アカザ科）であるアッケシソウやハママツナなどの、塩分耐性が高い植物（塩生植物）が生育します。これらは秋になると紅葉し、赤色のじゅうたんを敷きつめたかのように塩性湿地を埋めつくします。

　また、熱帯・亜熱帯地域の河口域にある塩性湿地と潮間帯にはマングローブと呼ばれる森林が成立し、オヒルギやメヒルギといったヒルギ科の植物が見られます。マングローブの樹上は鳥類や哺乳類、爬虫類、甲殻類などの餌場や休息場となります。マングローブの林床には甲殻類や貝類、環形動物などの底生動物が生活し、潮が満ちたときは魚類に餌場や捕食者からの隠れ場を提供します。このように、マングローブは多種多様な生物に生息地や餌場、休息場、隠れ場を提供しているのです。

　潮下帯は、アマモやタチアマモといった海草が生活する場です。アマモ類は、水中で花を咲かせ種子をつける顕花植物の一種で、進化の過程で一度陸上に進出しましたが、再び水中での生活に適応するよう

に進化したといわれています。アマモ類が群生する場所をアマモ場と呼び、干潟生態系の物質循環や干潟の浸食防止の面で重要なはたらきをになっています。

なお、海草と海藻は、呼び方は同じですが、海草は顕花植物の仲間であるため種子で増えるのに対し、海藻は藻類の仲間であるため胞子で増えます。

2-4 ダム湖

一般に、コンクリートや岩盤を用いて川を堰き止めてつくられた止水域は「貯水池」と呼ばれます。日本では、川を堰き止めたり取水したりするために用いられる構造物（堤）は、その高さによって呼び方が異なり、堤高が15m以上のものは「ダム」、それ未満のものは「堰（せき）」や「頭首工（とうしゅこう）」と呼ばれます。ダムによってつくられた貯水池は「ダム湖（またはダム貯水池）」（図2-14）、堰によってつくられた貯水池は「ため池」として区別されます。2015年の『ダム年鑑』によると、現在、日本には、洪水調節・農地防災用、河川維持用、農業用、上水道用、工業用、発電用、融雪用、レクリエーション用、そして多目的利用のダムが合せて2,754あります[14]。

ダム湖には、天然湖と異なる7つの特徴があることが指摘されています[15]。

1）同じ大きさの天然湖と比べ、集水域面積が広く、より多くの量の水が流れ込む、2）平均水深が浅い、3）水が底から抜かれる（ただし、表層から取水されるダム湖もある）、4）流れ込んだ水が湖内に留まる時間（滞留時間）に応じて水温成層が発達するかどうかが決

図2-14　ダム湖（長野県片桐ダム湖、写真：西川潮）

まる、5）川から流れ込む栄養塩（リン、窒素など）が湖内に留まる比率が高い、6）年、季節、日ごとに水深が著しく変化する、7）水位変動などにより、流れに沿った環境のちがいができるため、湖内の環境が一様ではない。

したがって、ダム湖は、止水域という面では、天然湖と共通する部分もありますが、集水域面積や水深、栄養塩の流れなどの物理化学的環境においては独自の特徴を備えた湖といえます。

ダム湖は、人間に貴重な水資源をもたらす一方で、生物群集にとっては良い面と悪い面とがあることがわかっています[15,16]。ダム湖では、平均水深が浅いといっても、湖岸直下が急深になっているところが多いため、沿岸域に水生植物群落が発達することはほとんどありません。そのため、水生植物に依存する水生生物の多様性は低いと考え

られます。また、ダムの建設は水生昆虫や魚類の生息地の分断化につながるため、ダムの上流と下流に生活する個体群間の遺伝子流動が妨げられたり、回遊魚の多様性が低下したりすることが指摘されています。一方で、ダム湖は渡りをする水鳥の休息場所を提供することが期待されています。しかし、ダム湖は、水生昆虫の多様性が低いためか、水生昆虫食の水鳥は少ないようです[17]。

2-5 ため池

　ため池には大きく、皿池と谷池があり、皿池は窪地に水をためてつくった池、谷池は小規模な構造物（堤高 15m 未満）により川を堰き止めてつくった池を指します（図 2-15）。一般に、皿池は平野部で多く見られるのに対し、谷池は山間部で多く見られます。実際には、皿池と谷池の特徴をあわせもつため池もあることから、どちらであるかの区別が困難な場合もあります。

　ため池の主な用途は農業用で、もっとも高密度に分布する地域は、西日本の兵庫県、香川県、山口県、広島県、奈良県です。日本では、1952〜1954 年にはため池の数が約 29 万あったことが報告されていますが、減反政策や、農村地帯の過疎・高齢化に伴う農業の衰退などの影響を受け、1989 年には数が約 21 万に減少しました[18]。なかでも、この 35〜37 年の間に著しく数が減少したのが、表面積 5ha 未満の小型のため池です。

　ため池は、表面積が小さく、水深が浅いため、沿岸域や池全体に水生植物の群落が発達することが多く、希少な水生植物や魚類、水生昆虫の宝庫となることがあります。一方で、オオカナダモやホテイアオ

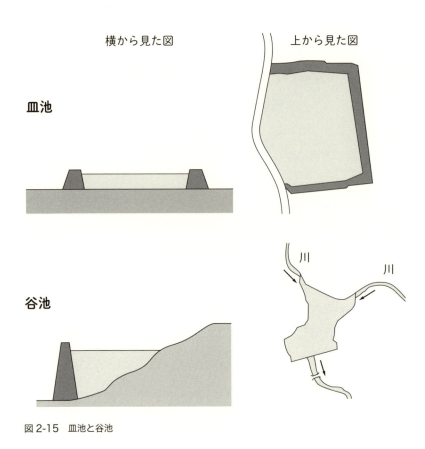

図 2-15　皿池と谷池

イ、オオクチバス、ブルーギル、アカミミガメといった外来種の影響を受け、ため池の生物多様性が脅かされています。

2-6　水田・用排水路

　放射性炭素（^{14}C）を用いた最新の年代測定によると、日本で最初に水田稲作がおこなわれたのは、今から3,000年ほど前の紀元前10

世紀後半頃とのことです[19]。当時、稲作技術は朝鮮半島から伝わり、九州地方北部において、日本ではじめて水田稲作がはじまりました。その後、全国各地に広がり、紀元前8〜前7世紀（200年後）に九州地方南部・東部、瀬戸内地方西部で、紀元前6〜前5世紀後半（500年後）に伊勢湾沿岸地域で、紀元前4世紀前半（600年後）に青森県弘前地域で、紀元前2世紀（800年後）に関東地方南部で水田稲作がはじまったと考えられています。沖縄と北海道では普及が遅れ、沖縄では10世紀、北海道では19世紀になって水田稲作がはじまりました。九州地方から東北地方にかけての地域は、およそ2,000〜3,000年の水田稲作の歴史があることになります。

　水田稲作が開始されて以来、湿地の生きものたちは、人間の手によってつくられた水田環境に長い時間をかけて適応してきました。今日、水田として利用されている場所の多くは、かつては、氾濫原や谷底に広がる自然湿地でした。氾濫原（はんらんげん）とは、河川の氾濫によって運ばれた土砂が堆積してできた平地のことです（3.2.1. 河川環境の変化を参照）。そのため、水田は、かつての自然湿地に代わる生息地としての役割を果たしています[20]。

　ところで、ひとくちに水田の生物といっても、その生息地は変化に富んでいます。水田の生物の生息地としてもっとも面積が大きいのは、イネの作付をおこなう湿地状の耕作地である水田圃場（すいでんほじょう）です。水田圃場に生える植物は水田雑草と呼ばれ、農作業に伴うかく乱に適応した生活史特性をもっています。

　水田圃場を仕切るあぜ（水田畦畔と畦畔草地、図2-16）は陸地環境ですが、その立地によって土壌水分や草丈といった環境条件が変わり、多種多様な生物をはぐくむ半自然草地（人為管理のもとに成立す

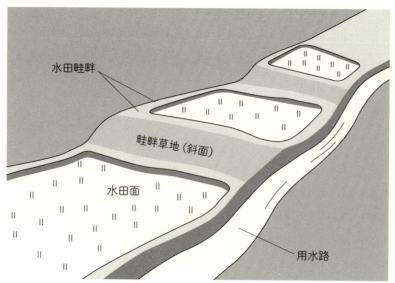

図2-16　水田とあぜ

る草地）となっています。とくに畦畔草地は、日本では希少になった草原生の動植物に重要な生息地を提供します。しかし、圃場整備事業などによって改変・造成された畦畔は、従来の形をとどめた水田で伝統的な管理がなされている畦畔と比べて植物種数が少なく、外来植物の割合が高くなることがわかっています[21,22]（図2-17）。

　これ以外にも、水田に付属する水辺環境として、水路や承水路（棚田などで上流側水田からの浸出水を排水するための簡易な水路）があります。現在、日本の多くの水田は圃場整備事業がおこなわれたことにより、用水路と排水路は分けられ、多くはコンクリート製のＵ字溝となっています。圃場整備以前はひとつの水路が用水路と排水路の両方の機能を兼ねており、水路と水田の間の段差がほとんどありませんでした。そのため、水路につながった川と水田を魚が自由に行き来す

第 2 章　さまざまな水辺の環境

図 2-17　能登半島の水田。上は基盤整備されておらず、昔からの形状を保持して管理されている畦畔、下は圃場整備された畦畔（写真：伊藤浩二）

ることができ、水田を産卵場とする魚類（ナマズやドジョウなど）が多く見られました。現在はそのような水田は希少になっています。土水路の水際にはオオバタネツケバナやヌマゼリが見られ、水中にはクロモやエビモ、ナガエミクリといった、流水に適応した水草が出現します。東日本の谷津田（谷地田または谷戸田と呼ぶ地域もあります）の土水路ではゲンジボタルが見られるでしょう。

　ところで、水田には地形や立地によってさまざまな種類があるのをご存じでしょうか。ここでは棚田、谷津田、平地水田の3つについて、立地環境と生物の特徴を紹介します（図2-18）。

　棚田は、まとまった平坦地が少ない山間の傾斜地を中心に、等高線に沿って開拓された水田です。斜面の傾斜勾配が1/20（水平距離を20m進むと1m高くなる傾斜）より急である水田を、とくに棚田と定義する場合が多いようです。急傾斜地の棚田では、上流域に集まった雨水や湧水、あるいは離れた河川から井堰を通じて取水した水を、上流の水田から下流の水田へと順次給水すること（田越し灌漑）が多く、耕作には少ない水を活用する伝統的な技術と知恵が必要とされます。また、棚田では、乾燥により耕盤（田面から深さ数十cm下にある硬い粘土の層）に亀裂が入り水漏れするのを防ぐため、非耕作期も湿田から半湿田状態に保つ必要があります。このような非耕作期の湿田環境は、ゲンゴロウ類やドジョウ、アカハライモリなどの水生動物にとって重要な生息地になっています[23]。

　谷津田は、丘陵地や台地が浸食されてできた谷にある、斜面林などに囲まれた水田です。上空から谷津田を撮影した写真を見ると、ときに樹形状に広がる水田が見られることがあります（図2-19）。これらは傾斜地につくられた水田という意味では棚田のひとつといえます。

第2章　さまざまな水辺の環境

	主な立地	景観特徴	水源
棚田	山地の斜面（主に地すべり地帯）	水田一枚あたりの面積が小さい。畦畔草地の面積割合が大きい。	谷水やため池
谷津田 （谷戸田, 谷内田）	丘陵地や台地,低山地の谷底低地	細長い谷あいにある。周囲を樹林地に囲まれることが多い。	谷水やため池
平地水田	河川や海岸の後背湿地, 扇状地, 干拓地など	水田一枚あたりの面積は大きい。周囲の樹林地は必ずしも多くない。	河川が主

図2-18　棚田、谷津田、平地水田の特徴

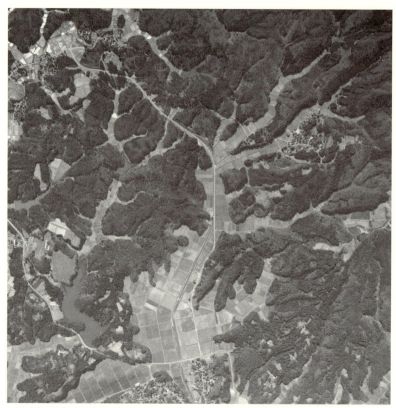

図 2-19 谷津田の航空写真（石川県珠洲市）。出典：国土地理院撮影の空中写真（2010 年撮影）

ただし、水田に転換される前の状態は谷津田と棚田で大きく異なります。谷津田は谷に形成された自然湿地であったのに対し、棚田は乾いた山地の斜面であったと考えられます。谷津田は、水源として周辺の樹林地からの湧水が利用できるため、土木技術が発達した近世以降に開拓された棚田と比較すると歴史の古い水田が少なくありません[24]。

谷津田は多くの場合、周辺に山林や草地が隣接し、景観内の生息地の多様性が高いため、生活史のなかで水田・草地・森林といった複数

の生態系を必要とするトンボ類やカエル類、そしてこれらの小動物をエサとするサシバなどの猛禽類に重要な生息地を提供します。

　最後は平地水田です。ここでは、河川や海の堆積作用により形成された平野または傾斜勾配が小さい平地に人為的に造成された水田を平地水田と定義します。平地水田の周辺は開発が進み、通常、樹林地は多く見られません。縄文時代晩期から弥生時代の水田遺跡である板付遺跡（福岡県）、弥生時代後期の登呂遺跡（静岡県）は、河川によってつくられた平野で見つかりました。しかし、平地水田は、河川の増水により水田が崩壊しやすく、また傾斜が小さい場所で水路に水を流すには一定の技術が必要であったことから、土木技術が発達する江戸時代までは、平地では大規模な水田造成はあまり進みませんでした[24]。

　平地水田では、かつて、河川の出水かく乱に適応した生物が水田環境に適応していったため、棚田や谷津田とは出現する生物の種類が異なります。たとえば、タコノアシやミゾコウジュといった、氾濫原に適応した希少植物は、谷津田よりも、河川の後背湿地に造成された水田で多く観察されます[25]。

第3章
水辺の環境と生物の危機的状況

過去数十年における科学技術の発展に伴い、私たちの生活のしかたは大きく変化しました。今や、飛行機、電車、車などを使えば、日本はもとより世界のどこにでも移動または移住することができます。また、生活のしかたの変化に伴い、食料や生活場所の需要が増加・多様化したため、多くの水辺環境は農地や宅地に転換されてきました。さらに、都会への移住が増えた半面、農村地域では過疎・高齢化が進み、農地の耕作放棄や管理放棄が進んでいます。これらの人間活動とその変化に伴い、全国各地の水辺環境で生物群集が大きく変化しています。

　この章では最初に、水辺の生態系を脅かす人為活動由来の環境要因について紹介します。実際、水辺の生態系にはさまざまな環境劣化要因が同時に作用します。次に、その具体例として、河川と湿原・干潟の現状を取りあげます。最後に、水辺環境の状態を知るうえで重要となる生物について解説します。

3-1　水辺環境を脅かす人間活動

3-1-1　生息地の喪失と分断化

　開発や埋め立てなどにより、野生生物の生息地がなくなることを生息地の喪失といいます（図3-1）。日本では湿地面積の減少が著しいことが知られています。それを示した資料として、明治・大正時代の5万分1地形図に表示されている湿地記号の範囲（主に湿原が対象）と、1996〜1999年の5万分1地形図に表示されている湿地記号の範囲を地形図上で比較した国土地理院の「湖沼・湿原調査」があります。これによると、今から約100年前の明治・大正時代には、全国に約2,110 km^2 の湿地（湿原以外の湖沼や干潟などの湿地は含

第 3 章　水辺の環境と生物の危機的状況

図 3-1　生息地の喪失

まれない) がありましたが、1996 年から 1999 年にかけて実施された調査では約 1,290 km² 減少し、821 km² になっています[26]。これは琵琶湖の 2 倍近い面積に相当します。実際には、最初の調査後に新しく湿地が発見されたり、水位の低下や上昇により面積が増加したりした分もあるのですが、増加した面積以上に減少した湿地面積が多いのが現状です。100 年あまりの間に自然に減少した湿地面積が 210 km² であるのに対し、開発によって減少した湿地面積はその 6 倍以上の 1,343 km² に及びます。人間活動の影響の大きさがわかるでしょう。

　かつて広大だった野生生物の生息地が、道路や農地、市街地、建築物によって細かく分割されることを生息地の分断化といいます (図 3-2)。生息地の分断化には、大きく、複数の生態系 (たとえば川と海) のつながりを分断するものと、単一の生態系を複数の小さい生態系に

図3-2 生息地の分断化。上は生態系のつながりの喪失(河口域の護岸)、下は単一の生態系の細分化のイメージ(熱帯地域の氾濫源森林の分断化)

分割するもの（たとえば森林の分断化）の2タイプがあり、それぞれ野生生物に異なる影響を与えます。

複数の生態系のつながりを分断する事例として、河川のコンクリート護岸や河口堰の建設があげられます。これらの構造物があると、たとえば、生活史のなかで陸・川・海を必要とするクロベンケイガニでは、川や海に放仔されたゾエア幼生（最初の発生段階）が海で成長し再び川に戻ってくる際に、メガロパ幼生（次の発生段階）が川を遡上できなくなったり、川で変態をとげた稚ガニが上陸できなくなったりします。このような生息地の分断化は、生活史のなかで海と川を行き来する動物に致命的な影響を与えます。

一方、単一の生態系を複数の小さい生態系に分割するタイプの分断化も深刻です。いったん生息地が縮小すると、生息地の縁辺部（エッジ）が人為活動の影響を受けやすくなり、もともとそこに生息していた野生生物が利用できる空間は、実際の面積よりも小さくなります（図3-3）。これは「エッジ効果」と呼ばれます。野生生物の生息地面積

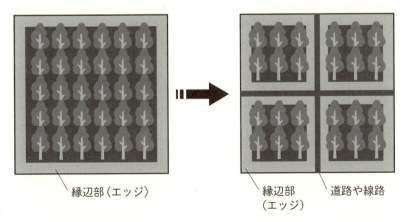

図3-3 生息地の分断化。右図のように道路や線路で森林が分断化されると、人間活動の影響を受けやすい縁辺部（エッジ）の面積が増える

図3-4 富栄養化によりアオコが発生した湖（北海道釧路湿原シラルトロ湖、写真：西川潮）

が著しく減少すると、移動能力の低い生物では近親交配などの影響を受けて集団サイズが小さくなります。遺伝的多様性が低下した小さな集団では、奇形が生まれたり、病気や自然災害といった環境変化が起こると壊滅的な影響を受けやすくなったりするため、ゆくゆくは絶滅に追い込まれます。

3-1-2 生息地の汚染

　生息地の汚染もまた、主要な環境劣化要因のひとつです（図3-4）。水辺の代表的な汚染物質として、周囲の農地や市街地から河川または地下水を経由して流入する窒素、リンなどの栄養塩や、農薬などの化学合成物質、カドミウム、水銀、鉛などの重金属があげられます。多

くの化学合成物質や重金属は食物連鎖を経て、植物プランクトンから動物プランクトン、魚類、鳥類・哺乳類と、上位に進むにつれ濃縮されて毒性が強くなり、めぐりめぐってこれらを食べる人間に戻ってくるのです。

3-1-3　人間活動の縮小と省力化

　日本には、人間が古くから手を入れることによって維持されてきた里山があります。里山の景観は、集落と、それを取りまく雑木林、畑地、水田、草地、河川といった二次的自然によって構成されます。しかし、多くの農村地域では、高齢化が進んで人口が少なくなり、農林業の担い手が不足しています。その結果、かつてのように時間と労力をかけて里山を管理することができなくなりました。

　ため池や水田は里山の代表的な水辺環境です。ため池や水田では2つの異なる方向性をもつ要因による生物群集の変化が起きています。ひとつは農村地域の過疎・高齢化に伴う耕作・管理放棄、もうひとつは科学技術の発展に伴う栽培・管理作業の集約化です。その結果、ため池や水田はまったく管理されないか、近代的な方法で管理されるかのどちらかになるため、適度なかく乱に依存する生物は姿を消していきます。

　日本一ため池の数が多い兵庫県を例に取ると、かつてはイネの収穫後に多くのため池で池干しがおこなわれ（図3-5）、「雑魚とり」と呼ばれる小魚の取りあげを通じて地域住民が交流を深めたり、池底に堆積した泥を流すことによって水質を改善したり、窒素などの養分が豊富に含まれた池の泥を田畑の肥料としてさらったりしていました。しかし、現在では、多くの池で池干しがおこなわれなくなり、雑魚とり

図3-5 ため池の池干し（兵庫県、写真：西川潮）

や泥さらいをする機会もほとんどなくなりました。多くのため池では、伝統的な水管理がなされなくなる一方で、残ったため池では管理負担を軽減するため、複数のため池が統合されたり、コンクリート護岸がほどこされたりしています。このようなため池の管理法の変化は、池の水質の悪化、水草帯の喪失、外来種の侵入、在来種の喪失などを招きます。

　水田では、耕作放棄による手入れ不足と、近代農法の普及に伴う化学物質の多用や生息地の改変・分断化が同時に起きています（図3-6）。耕作放棄が進むと、適度なかく乱に適応していた生物が生息できなくなります。また、耕作放棄地はカメムシ類やイノシシといった、農作物に被害を与える野生動物の生息地となることがあるため、耕作放棄が進むと農業被害が増えます。

第3章　水辺の環境と生物の危機的状況

図 3-6　上：耕作放棄地（写真：西川潮）と、下：農薬が使われる慣行栽培田（写真：梅吉/PIXTA）

近代農法とは、栽培管理の手間を減らして農業生産を高めるために、ここ数十年の間に普及してきた農法です。かつては、農作業のほとんどが人力でおこなわれていましたが、現在では、大型機械を入れやすくするため水田1枚当たりの面積が大きくなり、用排水路はコンクリートで固められ、イネの生育を助けるため農薬や化学肥料が多く使用されるのが一般的です。また、近代農法では、イネの分けつ（株分かれして本数が増えること）を抑え、秋の収穫期に大型機械を入れやすくするため、6〜7月頃に10〜30日間ほど水田の水を抜く「中干し」がおこなわれます。こういった近代農法が普及した結果、水田の生物は、農薬・化学肥料による水質・土壌汚染、用排水路のコンクリート化、水田と用排水路の分断化、中干しによる乾田化といったさまざまな影響にさらされています。いくつかの具体的な事例については、第5章のコラムで取りあげます。

3-1-4　外来種の侵入と在来種の乱獲

　外来種（または外来生物）とは、人間活動の影響を受けて、本来の生息域を超えて運ばれた生物のことをいいます（図3-7）。生物の移動は、食料として、また釣り、観賞などのために意図的に運ばれる場合と、貨物や資材などにまぎれて意図せずに運ばれる場合とがありますが、意図の有無にかかわらず、人間によって新天地に運ばれた生物は外来種とみなされます。また、生物は、自力で移動したり風に乗って移動したりすることにより、自然に分布を拡大することもありますが、その場合は自然現象と考えられるので、外来種とはみなされません。飛行機や船、鉄道、車といった交通網の発達により、人間や貨物が世

第3章 水辺の環境と生物の危機的状況

図3-7 外来種のアカミミガメ（写真：西川潮）

界各地を移動するようになった結果、人間以外の生物も各地に運ばれるようになりました。科学技術の発展により、生物が、自身の移動能力ではとうてい到達しえなかった地域に運ばれるようになり、原産地と環境が似た地域に定着するだけでなく、一度に多くの数が運ばれたり繰り返し運ばれたりすることにより、もともと生息にそれほど適していなかった環境であっても定着できるようになってしまうのです。

生物が本来の生息地を超えて新天地に定着すると、在来種を捕食したり、在来種と餌や光、生息地をめぐって競争したり、在来種に病気を媒介したり、窒素やリンといった栄養塩の流れを変えたりすることによって、在来種や生態系が大きく変化することがあります。たとえば、日本の湖沼に定着しているオオクチバスやブルーギルは、在来の魚類や甲殻類、昆虫類などを次つぎと捕食することにより、在来生物

83

群集に壊滅的な影響を与えています。オオクチバスやブルーギルは在来魚を駆逐するため、漁業被害も深刻です。このように、在来の生態系、人間の健康、または農林水産業に被害をもたらす外来種は侵略的外来種（または侵入種）と呼ばれます。

　在来種の乱獲もまた、生態系の変化をもたらします。食料や住居、観賞などのために特定の生物が利用されることは少なくないでしょう。たとえば、ラン科植物は植物愛好家による採集が後を絶たないため、多くの種が絶滅の危機に瀕しています。多くの生物は食う・食われるの食物連鎖を通じて他の生物と直接的または間接的につながっているので、一種でも生物がいなくなると少なからず他の生物も影響を受けます。生物によっては、生態系のなかで大きなはたらきをしているものもいるので、そのような生物がいなくなると、生態系全体が変わってしまうこともあります。

3-1-5　気候変動

　人間活動の影響を受け、過去130年以上にわたり、大気中の二酸化炭素濃度は上昇し続けています。二酸化炭素やメタン、亜酸化窒素といったガスは、地球温暖化を促進させる「温室効果ガス」として知られています。これら温室効果ガスは大気中に滞留します。しかし、温室効果ガスは太陽放射（太陽が出す放射エネルギー）を透過するため、太陽放射は大気を通り地球表面に到達します。地球表面に到達した太陽放射の多くは地面や海面によって吸収されますが、一部は地球表面から大気に向かって再び熱として放射されます。このとき温室効果ガスは、地球表面から放射された熱を吸収することで、地球表面付

近に熱を閉じ込めます。すなわち、温室効果ガスはビニールハウスのような覆いとしての役目をするため、地球表面付近の気温が上昇するのです[27]。

気候変動が水辺の生息地に与える主な影響として、温度の上昇、河川流量の変化、湖沼の水深の変化、氷の融解、海水面の上昇、湿原・干潟の喪失、貯水池（ダム湖、ため池）の増加などがあります[28]。これらの要因は互いに密接な関係にあります。たとえば、温度が上昇すると、北極や南極といった極域の氷が融けて海水面が上昇し、海洋沿岸域にある湿原・干潟が失われます。また、冬期に積雪がある地域では、温度の上昇により、積雪量が少なくなったり、雪融けの時期が早くなったりします。そうすると、融雪出水の規模が小さくなったり、出水の時期が早まったりするなど、河川流量やその変動様式が変わります。さらに、温度の上昇に伴い、より多くの飲料水や農業用水が必要となるため、貯水池の建設増加につながります。

生息地の環境が変化すると、生物にも大きな影響が出ます。温度の上昇に伴い、生物の分布が極域より（北方または南方）に変化したり、産卵・開花時期が早まったり、分散能力の低い生物や、極域・高山帯で生活する生物の集団サイズが縮小したりします[27]。なかでも、気候変動の影響がもっとも顕著に現れるのは、極域や高山帯です。極域では平均気温が著しく上昇した結果、氷が融け、ホッキョクグマやセイウチなどの海産哺乳類の生息地が脅かされています。

世界規模の気温の変化は、外来種の侵入を促進させたり、人間や野生動物がかかる感染症（デング熱、カエルツボカビ症など）の分布域を変化させたりすることもあります。たとえば、アメリカザリガニはアメリカ南東部からメキシコ北東部にかけての温暖な地域を原産とす

るザリガニ種ですが、近年は北海道でも定着が確認されています。デング熱を媒介するヒトスジシマカは、年平均気温が11℃以上の地域に分布し、下水溝や古タイヤ、竹の切り株などの水たまりで繁殖します。このカの分布域は、1950年以降、東北地方を徐々に北上しており、2100年には北海道にまで拡大すると予測されています[29]。

3-2　水辺環境の現状

3-2-1　河川環境の変化

　河川環境は、高度経済成長期以降、人為的な影響により大きく変化しました。代表的な変化として、河川の流れを改変する工事や、土木・建築資材としての砂利の採取、ダムや河口堰といった構造物の設置、氾濫原の運動公園や農地への転換などがあげられます(図3-8)。また、このような河川の直接的な改変は、間接的に、河川の流量や土砂量、水温、有機物量、栄養塩濃度の変化を引き起こします。環境が大きく変わった河川では、在来種が減り、外来種が増加するといった生物の変化が見られることもめずらしくありません。ときに、環境劣化要因は相互に影響を及ぼしあいながら、水辺の生物の生息地に直接的、間接的に影響を与えるのです。

　ここでは、代表的な河川環境の変化が水辺の生物に与える影響を紹介します。

河川改修の影響

　河川の中・下流域では、流路（川の水が流れるところ）が大きく蛇行するのが一般的です。しかし、農地の造成や洪水を防ぐ目的で、流

第 3 章　水辺の環境と生物の危機的状況

図 3-8　農業用取水堰（写真：伊藤浩二）

路が直線化（短絡化）されることがあります。河川流路の小規模なつけ替え（瀬替え）は、古くは 16 世紀以前からおこなわれてきました。流路が直線化されることで、多様な水深、流速、底質といった微環境（小さな空間の環境）が失われ、流路内の瀬淵構造や砂州が失われる結果、魚類や底生動物の生息地が減ります。

　日本の多くの河川では、洪水などの水害を防ぐために護岸工事がおこなわれてきました。河川が護岸されると、樹木などの河畔植生が失われるため、河川に供給される落葉や落下昆虫の量が乏しくなり、魚類や底生動物の餌が減少します。また、植生の覆いが失われることにより、魚類が、鳥類や哺乳類といった天敵から身を守るための隠れ家が減少します。さらに、護岸された河川では、水流による土砂浸食や

87

堆積が制限されるため、流路の位置が固定化します。その結果、氾濫原の植生を破壊するような強度のかく乱が少なくなり、「モザイク状に変化する生息地の定常状態」が成立しづらくなります。また、護岸により、魚類などの水生動物は河川流路と後背湿地のあいだを移動できなくなるため、産卵場や出水時の避難場がなくなります。

ダム・堰の影響

　日本の多くの河川では、主に上流部を中心として、治水・利水を主目的としてつくられるダムや、土砂流出の抑制を主目的としてつくられる砂防堰堤（または砂防ダム）が見られます。また、農地へ水を供給するためにつくられる取水堰（頭首工）や、河川への海水の逆流を制御するためにつくられる河口堰も見られます。

　ダムや堰が設置されることで、河川の流れを利用するさまざまな生物の移動が制限され、上・下流の集団が互いに行き来できなくなる結果、繁殖に伴う遺伝子流動がさまたげられたり、生活史を完結できずに衰退したりすることが報告されています[30, 31]。

　魚類には、生活史のなかで川と海（または湖）を行き来する通し回遊魚と、一生を淡水域で過ごす非回遊魚がいます。代表的な通し回遊魚には、アメマスやサクラマスといったサケ科魚類、シマヨシノボリやウキゴリといったハゼ科魚類、カンキョウカジカやアユカケといったカジカ科魚類、アユ、ニホンウナギなどがいます。なお、アメマスやサクラマスでは、同じ種のなかに、一生を河川で過ごす生活型（それぞれイワナ、ヤマメと呼ばれる）と、通し回遊をおこなう生活型（アメマス、サクラマス）があることが知られます。

　通し回遊魚は、産卵や成長のために川と海（湖）を回遊するため、

川にダムや堰ができると、それより上流に遡上できなくなり、生活史を完結させることができなくなります。現在では、ダムや堰に魚道を設置することで、これらの魚類の遡上を助ける試みもなされていますが、多くはサケ科魚類やアユといった遊泳能力の高い水産有用魚を対象とした構造になっており[32]、遊泳能力の低いカジカ科魚類や、歩行により遡上する甲殻類などの生態・行動を反映した魚道にするためには、さらなる工夫が必要です[33]。

一方、非回遊性の淡水魚や、回遊性と非回遊性の両方の生活型をもつイワナやアマゴなどのサケ科魚類でも、ダムや堰堤によって河川が分断化されて集団サイズが縮小すると、近親交配などが進み、構造物の上流で集団の絶滅が急速に進んでいきます[34〜36]。そして、ダム・堰堤上流域での魚類集団の絶滅率は、流域面積が小さいほど（すなわち生息地が小さいほど）、またダム・堰堤の建築年が古いほど、高いことが示されています[34]。このように、ダムや堰堤の建設は、通し回遊魚の遡上を妨げることによる絶滅と、非回遊魚の小集団化による絶滅を招くのです。

ダムや堰は、魚類や甲殻類が上下流方向に移動する際に制約となるだけでなく、平水時には基底流量（降雨がないときの流量）の減少を、出水時には最大流量の減少や出水かく乱の頻度・規模の減少をもたらします。また、河川流量の減少に伴い、下流への土砂の供給量が減少します。

河川中流域では、河川流量が減少し、河川水が地下に浸透して表層水がなくなることがあります。これを「瀬切れ」と呼びます。瀬切れは、上流の貯水池での流量調整や取水施設での利水だけでなく、気候要因（長期の少雨による渇水）や、河川周辺にある工場による地下水

の過度のくみ上げなど、複数の要因によって起こります。瀬切れが発生すると、魚類などの水生動物が河川の上下流方向へ移動できなくなり、水たまりにとり残された水生動物は、その後、溶存酸素の減少や水温の上昇などにより死滅します。また、ダムや堰が設置された河川では、流量変動が小さくなり、出水時の最大流量が減少するため、下流の河原における大規模な出水かく乱が減少します。これにより、生息地のパッチ構造が形成されづらくなり、のちに説明する河道の固定化や河原の樹林地化を招きます。

　ダムや堰の建設に伴い、ダム貯水池や砂防堰堤の上流側に流れてきた土砂が堆積し、下流へ運搬されなくなるため、河川への土砂供給量が減少します。これにより、ダムや堰の下流部で川底が低下し、底質の組成が変化します。砂利が運ばれなくなることにより、砂利の堆積が減り、大きな石しか残らなくなるのです。底質組成の変化は、魚類や底生動物など、砂利やこぶし大程度の石を生息地や隠れ家として必要とする水生動物に大きく影響を与えます。また、その影響は河川内にとどまらず、河口付近の砂浜海岸の衰退にもつながるといわれています。

河道の固定化と河原の樹林地化

　河川中流域では、出水のたびに、土砂の堆積と流水による川底の削り取りが進み、これらに伴って新しい河原が形成され、流路の位置も変わります。しかし、先に述べた最大流量や土砂供給量の減少により、流路の位置が固定化し、横へ移動しなくなることで、川底が低下します。そうすると、高水敷（ふだん水が流れている場所よりも一段高い場所にある区域）では、仮に大規模な出水が起きたとしても、植生を破壊するほどの力がないため、植生遷移が進み、樹林地化していきます。

高水敷の樹林地化には外来植物の繁茂が大きく影響しています。とくに、上流域で砂防目的に植栽されるハリエンジュやシナダレスズメガヤは、種子が河川の流れによって下流域に運ばれたのち、定着・発芽し、繁茂することにより、樹林地化に拍車をかけます。これらの外来植物は現在、日本各地の中流域の河原に侵入し、丸石河原の環境に適応して生息する種（丸石河原固有種；4.1.3. 出水かく乱がつくる生物群集を参照）の生息を脅かしています。

水質汚染

　日本の人口密集地の近郊を流れる河川は、高度経済成長期に、周辺の宅地開発や工場の建設に伴う生活排水や工場排水の増加に、下水道整備の遅れが重なり、水質が著しく悪化しました。その後、下水道処理施設の整備により、生活排水などに含まれる有機物による水質汚染は大幅に改善されました。しかし、窒素やリンなどの無機栄養塩は、標準的な下水処理では処理しきれず、高度な下水処理が必要となります。そのため、現在も多くの河川で、無機栄養塩の濃度は改善されないままです。

　また、田園地帯を流れる河川においては、農地で使用される農薬や化学肥料が、降雨時に表層水によって運ばれるか、地下水を経由するかして河川に流入します。これを「面源汚染」といいます。水田の代かき（田植え前に水田に水を入れて土を細かく砕く作業）の際に発生する濁水もまた、河川生態系に影響を与えます。濁水に含まれる泥が、アユのエラに付着して呼吸不全を起こすほか[37]、これらが川底の石表面に堆積することによって、アユの餌となる付着藻類の成長を妨げます。水田からの代かき水（濁水）はすぐには流さず、泥を沈降させ

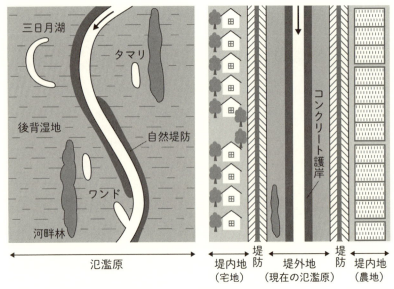

図 3-9　改修された河川の氾濫原水域。左：改修前、右：改修後

てから排水路に流す取り組みが各地ではじめられています。しかし、今のところ、面源汚染を防ぐ有効な手段は、農薬・化学肥料の使用量を減らす以外にありません。

　河川の水質悪化は、その河川に生息する生物群集に直接、悪影響を与えるだけでなく、その下流に位置する湖沼や湾でも生態系に異変をもたらします。湖沼や湾といった閉鎖水域・半閉鎖水域で水質悪化が進むと、植物プランクトンが増殖し、アオコや赤潮が発生することがあります。

氾濫原の開発

　後背湿地や三日月湖、ワンド、タマリといった氾濫原水域は、水生生物の生息地として重要な役割を果たしていました。しかし、かつて

の氾濫原は、その多くが水田や宅地として開発され、氾濫原水域のほとんどが消失しました。現在、氾濫原水域に該当する場所は、堤外地（ていがいち）と呼ばれる、堤防の河川側のみとなっています（図3-9）。そのため、水田や用排水路、ため池は、水辺の生物にとって、氾濫原水域の代替生息地としての機能を果たすことが期待されています。

3-2-2 湿原・干潟の環境変化

日本で湿原が減少した直接的な原因として、道路や宅地の開発や農地への転換があげられます。また、周辺の土地利用の変化によって間接的に湿原に影響が出る場合もあります。たとえば、河川の直線化や森林伐採に伴う土砂や栄養塩の流入、水循環の変化などにより、湿原が乾燥化することが知られています。湿原の乾燥化が進むと、ハンノキやササ類が侵入しやすくなり、湿原の遷移（陸化）が本来の遷移速度を大きく上回って進行していきます。また、里山が広がる丘陵地の谷あいにある湧水湿地では、里山の管理放棄に伴い、湿原が樹木などの植生に覆われ、湿原特有の植生が見られなくなっています。

加えて、ニホンオオカミやエゾオオカミが絶滅した現在は、シカ類（ニホンジカ、エゾシカ）の個体数は増加の一途をたどっているため、これらが湿原に侵入し、植物を採食したり、土壌を掘り起こしたりすることによって、湿原の植生の荒廃と裸地化が進みます。干潟もまた、全国的に面積が縮小しています（図3-10、口絵6）。干潟の面積が減少した直接的な原因として、高度経済成長期にはじまった都市部沿岸域の埋立や、農地造成のための干拓が大きいと考えられます。

干潟の環境を脅かす要因として、埋立や干拓のほかに、人間活動に

図3-10　谷津干潟（写真：tsuch/PIXTA）

伴う海水の富栄養化があります。富栄養化を引き起こす要因としてよく知られるのは植物プランクトンの異常増殖による「赤潮」ですが、このほかに「青潮」や「緑潮」も干潟の生物に甚大な影響を与えます。青潮は、苦潮（にがしお）とも呼ばれ、底層にあった無酸素水塊が岸近くに現れた際に、硫黄化合物によって水域が乳青色に変色する現象です。青潮が発生すると、海水中の酸素が極端に少なくなるため、浅海域の多くの生物にとって生存を脅かす要因になります。一方、緑潮は、グリーンタイドとも呼ばれ、浅海域で浮遊性のアオサ類（緑藻）が異常増殖し、海岸付近一帯に漂着する現象を指します。とくに、南方起源の侵入種ミナミアオサが緑潮の優占種であり、沿岸域の景観悪化や、腐敗に伴う悪臭の発生、アサリなどの貝類の死滅を引き起こします[38]。

また、ナルトビエイは、インド洋から紅海、西部太平洋にかけての温帯から熱帯の沿岸域を原産地とするエイ目魚類ですが、近年、海水温の上昇の影響を受けて北方や東方に分布を拡大し、日本各地でアサリやタイラギなどの二枚貝を大量に捕食する漁業被害を引き起こしています。同様に、赤潮の原因となる植物プランクトンも、本来は南方海域に生息する種が、海水温の上昇の影響を受け、日本近海に北上してきた事例があります。貝類にのみ毒性がある渦鞭毛藻ヘテロカプサ・サーキュラリスカーマ（*Heterocapsa circularisquama*）です。近年、西日本を中心に、本種が赤潮を形成して二枚貝類の大量死を引き起こす事例が報告されています。

　これらの要因により、近年、アサリやハマグリなどの二枚貝類の漁獲量が大きく減少しています。二枚貝類は、水中の植物プランクトンや有機物をろ過して食べることにより、干潟の水質を浄化するため、漁業の観点のみならず、干潟生態系の保全にとっても重要種といえます。そのため、二枚貝類の生息に適した干潟生態系の保全が必要とされています。

3-3　水辺環境の保全・再生と代用生物

　生物のなかには、その個体数や在不在を調べることにより、直接測定することが困難な環境や、特定の生物種・生物群集の状態を知ることができる生物がいます。このような生物は、単一種の場合は「代用種（surrogate species）」、複数種の場合は「代用群（surrogate taxa）」と呼ばれます。ここでは、代用種と代用群を合わせて「代用生物」といいます。代用生物は、分類のしかたによっては細かく分か

図3-11　シマフクロウ（写真：chikumatori/PIXTA）

れていますが、ここでは主要なものを取りあげて解説します。

3-3-1　指標生物

　指標生物とは、希少な生物群集や、特定の生態系の状態と密接な関わりのある分類群のことです。たとえば、北海道に生息する絶滅危惧種シマフクロウは、ねぐらとして幹の太い木しか利用できないため、老齢林の指標となります（図3-11）。

　複数の生物種が希少な生物群集または特定の生態系の状態を表す場合は、これらを指標群として用います。たとえば、底生動物には、昆虫類や貝類、甲殻類、貧毛類などさまざまな分類群が含まれますが、河川では水質によって生息する底生動物の種類や種数が変わってくるため、これらを水質の指標群に用います。底生動物と河川の水質の関

図 3-12　トキ（写真：中津弘）

係については第 4 章で詳しく説明します。

3-3-2　アンブレラ種

　アンブレラ種とは、その種を保全することで多くの種が保全される種をいいます。アンブレラ（umbrella）とは英語で傘を意味します。傘を開いたときの形状のように、ひとつの種に多くの生物が関係していることをイメージして名づけられました。たとえば、トキは、森林、草地、畑地、水田、河川といった里山環境を、ねぐらや休息場、餌場として利用するため、トキの保全は里山にすむ多くの生物を保全することにつながります（図 3-12、口絵 7）。

3-3-3　キーストーン種

　キーストーン種とは、生物群集や生態系の構造を決めたり、バランスを保ったりするうえで主要なはたらきを果たす種をいいます。たとえば、北米に分布するノースアメリカンビーバー（アメリカビーバー、カナダビーバーとも呼ばれる）は、河川生態系のキーストーン種であることが知られています。ノースアメリカンビーバーは木を切り倒してダムをつくることにより、河川を流水環境から止水環境へと変化させ、そこにすむ生物群集の組成や栄養塩・物質の流れを大きく変化させます[39]（図3-13）。ザリガニ類もまた、陸水生態系のキーストーン種です。ザリガニ類は、水生動物の捕食や、落葉の分解、水生植物の摂食・切断、底泥のかく拌といったさまざまな影響を通じて、生物群集や生態系を大きく変化させます（図3-14）[40]。

　しかし、ある場所でキーストーン種であっても、他の場所では特別大きなはたらきをしない「ただの種」となることもあります。事前に生態系のキーストーン種を判別することは困難で、多くの場合、人為活動や環境変動により、ある種が絶滅し、生態系が大きく変化したあとではじめて、特定の種がキーストーン種だと明らかになることが多いようです。

3-3-4　象徴種

　象徴種は、保全の現場で一般の関心を引くために用いられる種です。どこにでもいる生物よりは、特定の生態系や地域でのみ見られ、多くの人が見て、かわいらしい、きれい、守りたいなどの共感が得られる

第 3 章　水辺の環境と生物の危機的状況

図 3-13　上：ノースアメリカンビーバー（写真：michaklootwijk / PIXTA）、下：ビーバーダム
　　（写真：Dziewul / PIXTA）

図3-14 ニュージーランドの在来ザリガニ
Paranephrops zealandicus（マオリ名：コウラ、写真：西川潮）

図3-15 ヘイケボタル（写真：古谷愛子）

種が効果的とされます。

　象徴種には世界レベル、全国レベル、地域レベルなどさまざまなレベルのものが存在します。たとえば、世界レベルの象徴種として、世界自然保護基金（WWF）の紋章にも使われているジャイアントパンダがあげられます。全国レベルの象徴種の例としては、ホタル類があげられます。初夏に見られるホタルの光は日本の夏の風物といえるでしょう（図3-15、口絵8）。また、地域レベルの象徴種の例としては、佐渡島に再導入されているトキがあげられます。第5章のコラムで紹介するように、トキは、里山の自然再生のシンボルとして全国的に注目されている点では、全国レベルの象徴種にも位置づけられるかもしれません。

第4章
川の流れやかく乱に適応した生物

河川というと、あなたはどのような風景を思い浮かべるでしょうか。唱歌「春の小川」に出てくるような、スミレやレンゲの花が咲き、エビやメダカが泳ぐ岸辺で子どもたちが遊んでいる風景でしょうか。あるいは、鮎釣り師が竿をならべる、河原が広がる大きな河川かもしれません。河川は生息環境の多様性が高い生息場所であり、それぞれの環境に応じて、多様な生物が暮らしています。本章では、最初に、大きく変動する河川環境（第2章参照）に適応した生物の特徴と、その代表的な観察法・採集法を紹介します。次に、河川環境の状態を知るための代用生物と、それらを用いた水質評価法を紹介します。

4-1　河川生物の生活史戦略と繁殖戦略

4-1-1　流れに対する適応

植物の種子の形と水散布

　河川の周りを生息地とする植物には、分布を広げるために、川の流れを利用して種子散布をおこなう種がいます。このような植物は、種子が水に浮きやすい特徴をそなえています。

　その例として、果実内部に空洞をもつオニグルミの内果皮（図4-1a）、厚いスポンジ状の内果皮に包まれたハマダイコンの種子（図4-1b）、油分を含むことで水をはじいて浮くタコノアシの種子があげられます。綿毛をもつヤナギ類の果実や、羽状の付属体（翼果）をもつサワグルミの果実のように（図4-1c）、もともとは風に散布されやすくするために発達した構造が、水に浮きやすい性質をもつこともあります。ハリエンジュのように、豆ザヤごと水に流されることで、種

第4章 川の流れやかく乱に適応した生物

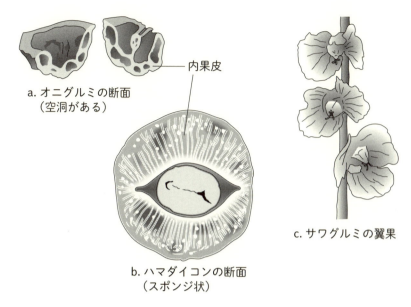

図4-1　植物の種子

子単体で流される場合と比べて、より遠くまで散布されやすくなった植物もあります。

　このように、河川の周囲に現れる植物はさまざまな性質を発達させ、種子が水に運ばれやすくなるように進化してきました。しかし、先にあげたタコノアシのように、水の表面張力を利用して散布される種では、河川水に界面活性剤（合成洗剤の成分）が多量に流れると、種子が水中に沈みやすくなり、遠くまで種子が散布されにくくなることが知られています[41]。

ヤナギ類の種子散布によるすみわけ

　北海道や東北、本州の日本海側の山地を流れる河川では、春から初夏にかけて、山地に積もった雪が気温の上昇とともに融けて河川の水位が上昇する融雪出水期を迎えます。この融雪出水期にあわせて河畔のヤナギ類が綿毛のついた種子を河川に散布します。水面に落ちたヤナギ類の種子は、河川水の流れに乗って岸へと運ばれます。このとき、複数種のヤナギ類が種子散布のタイミングを少しずつ変えることで、砂州に漂着する種子の場所を変えるのです。

　北海道の空知川では、5月になるとエゾヤナギとエゾノキヌヤナギが種子を散布しはじめ、6月になるとタチヤナギが種子を散布しはじめます[42]。融雪出水の後半になると、河川の水位が徐々に低下することから、早くから種子散布を開始したエゾヤナギやエゾノキヌヤナギでは種子が平水時の流路からより遠い場所に漂着するのに対し、遅れて種子散布を開始したタチヤナギでは、種子が平水時の流路により近い場所に漂着することが報告されています（図4-2）。このようなすみわけが可能になった背景には、融雪出水が毎年ほぼ同じ時期に発生すること、そして水位低下後の夏期に台風や前線による出水が少なく、ヤナギ類の実生が流されにくいことがあげられます。

底生動物の生活型

　河川では、狭い面積に異なる微生息環境を好む多様な底生動物が生息します。これは、川の流れや底質といった微生息環境が、狭い範囲で変化に富んでいることを意味します。底生動物は、体形や生活のしかたから4つの生活型に分けられます[5]（表4-1）。

　遊泳型の底生動物は、通常、体が水の抵抗を受けにくい形をしてお

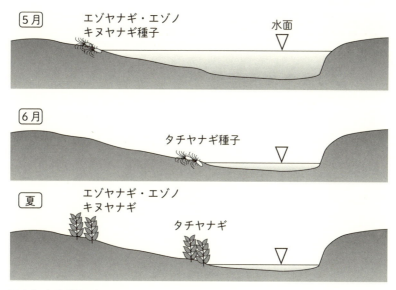

図4-2 ヤナギ類のすみわけ

り、水中を泳いで移動します。ヒメフタオカゲロウ属、コカゲロウ科、ヌマエビ科などがその例としてあげられます。

固着型の底生動物は、爪や吸盤、粘液などで石の表面に固着し、普段はあまり移動しません。裸のまま石に固着するタイプ（ブユ科など）、巣や殻をつくってそれを石に固着させるタイプ（イガイ科など）、石と石の間に網を張るタイプ（シマトビケラ属など）がいます。

匍匐型の底生動物は、さまざまな基質の表面をはって移動します。表面が滑らかな石の表面を滑行するように移動するタイプ（ヒラタカゲロウ科など）、粘液を出すことにより基質の上をはって移動するタイプ（ウズムシ類など）、脚ではって移動するタイプ（マダラカゲロウ科など）、砂や葉、枝、貝殻などの巣をつくり、脚ではって移動するタイプ（ヒメトビケラ科など）が知られています。

表 4-1 河川底生動物の生活型

生活型	特　徴	代表例
 遊泳型（ゆうえいがた） ヒメフタオカゲロウ	水中を泳いで移動する。体は水中を泳ぐのに適した流線形を示す。	ヒメフタオカゲロウ属 コカゲロウ科 フタオカゲロウ属 チラカゲロウ属 ヌマエビ科
 固着型（こちゃくがた） ブユ科	爪、吸盤、粘液などで石の表面に固着し、通常はあまり移動しない。身体を水中に露出するタイプ（露出固着型）、巣や貝殻をつくりそれを石に固着させるタイプ（造巣固着型）、石と石の間に網を張るタイプ（造網型）が知られる。	露出固着型 タンスイカイメン科 コケムシ類 フタバコカゲロウ属 アミカ科 ブユ科 造巣固着型 イガイ科 カクスイトビケラ属 キタガミトビケラ属 ウスバガガンボ科 ナガレユスリカ属 造網型 ヒゲナガカワトビケラ属 イワトビケラ科 アミメシマトビケラ属 シマトビケラ属 コガタシマトビケラ属
 匍匐型（ほふくがた） エルモンヒラタカゲロウ	石や水草、倒木など、さまざまな基質をはって進む。表面が滑らかな石表面をはって移動するタイプ（滑行型）、粘液を出しさまざまな基質の表面をはって移動するタイプ（粘液匍匐型）、さまざまな基質の上を脚ではって移動するタイプ（匍匐型）、砂、葉、枝、または貝殻の巣をつくり脚ではって移動するタイプ（携巣型）が含まれる。	滑行型 ヒラタカゲロウ科 ヒラタドロムシ科 粘液匍匐型 ウズムシ類 巻貝類 匍匐型 サワガニ マダラカゲロウ科 カワゲラ科 ヘビトンボ科 ヒメドロムシ科 携巣型 ヒメトビケラ科 ヤマトビケラ科 マルバネトビケラ属 カクツツトビケラ属 エグリトビケラ科
 掘潜型（くっせんがた） フタスジモンカゲロウ	砂泥底にもぐって生活する。はまり石と砂底の隙間に入り込むタイプ（滑行潜掘型）、砂泥底を自由にもぐって移動するタイプ（自由潜掘型）、砂泥底を移動するうえで絹糸で内張りをほどこした管を利用するタイプ（造巣潜掘型）が知られる。	滑行潜掘型 トビイロカゲロウ属 カワカゲロウ属 自由潜掘型 センチュウ目 ミズミミズ亜科 イトミミズ亜科 モンカゲロウ属 サナエトンボ科 造巣潜掘型 イシガイ科 シジミ科 シロイロカゲロウ科 イワトビケラ科 ヒゲユスリカ属

掘潜型の底生動物は、砂底や泥底に潜って生活します。はまり石と砂底の隙間に入り込むタイプ（トビイロカゲロウ属など）や、砂泥底を自由に潜って移動するタイプ（モンカゲロウ科など）、絹糸で内張りをほどこした管を利用して砂泥底を移動するタイプ（シロイロカゲロウ科など）が知られます。

　底生動物の生活型は、これらの移動能力と生息地の構造を反映しています。一般に、固着型や匍匐型は流れが速く石の多い瀬で見られ、掘潜型は流れが緩く砂泥が堆積しやすい淵に多くいます。一方、遊泳型には、瀬に多く出現する分類群（コカゲロウ科など）と、淵に多く出現する分類群（ヌマエビ科など）が知られますが、いずれも河川内をよく移動するのが特徴です。

流れを利用した水生昆虫の移動・分散
　水生昆虫は、幼生期はあまり長距離を移動することができません。川の流れに乗れば下流方向に分散することはできますが、夜明けから日没直後までの明るい時間帯は、視覚に頼って採餌するサケ科魚類の捕食の危険にさらされることになります。そのため、サケ科魚類が生息する河川では、水生昆虫は夜間に多く流下します。実際、北米に生息するサケ科魚類の一種、カワマスがいる河川では、これらの生息しない河川と比べ、コカゲロウ属の幼虫やヒラタカゲロウ属の幼虫の流下量が、日中と比べて夜間に多いことが示されています[43]。一方、カワマスのいない河川では、日中と夜間でカゲロウ目幼虫の流下量に大きな差は見られませんでした。しかし、カワマスのいない河川にカワマスの匂いを加えると、コカゲロウ属の幼虫の流下量が夜間に増えました[44]。このことから、コカゲロウ属などに見られる流下量の昼

夜の違いは、視覚に頼って採餌するサケ科魚類の捕食を避けて移動・分散するためと考えられます。

流れを利用した水生昆虫の採餌戦略

　固着型の底生動物は通常はほとんど動かないため、川の流れを利用して餌を捕ります。シマトビケラ類は、石と石の間に網を張り、流下してくる細かい粒状有機物を捕えて食べます。また、ブユ類は、吸盤で石に固着し、頭部にある毛を使って、流れてくる有機物を捕えて食べます。これらの固着型の水生昆虫は、急流に耐えつつも、流れを利用して餌を獲得できるよう、河川内の微生息環境に適応しているのです。

魚類と甲殻類の回遊

　魚類や甲殻類には、一生を川で過ごす生活型と、川と海を往復する生活型があり、イワナやヤマメのように、同種内に両方の生活型をもつ種もいます。川と海を往復する回遊のことを「通し回遊」といい、通し回遊は、回遊様式に応じて３つのタイプに分けられます（図4-3）。

　遡河回遊（そかかいゆう）は、河川で産卵し、海を成長の場として利用する回遊様式です。シロザケ、アメマス（イワナの回遊型）、サクラマス（ヤマメの回遊型）がその代表例としてあげられます。

　降河回遊（こうかかいゆう）は、海で産卵し、河川を主要な成長の場として利用する回遊様式です。ニホンウナギ、アユカケ、ヤマノカミなどがその代表例です。

　両側回遊（りょうそくかいゆう）は、河川で産卵し、海と川の両方を成長の場として利用する回遊様式です。アユ、ヨシノボリ類、テナガエビ類、モクズガニがその代表例としてあげられます。

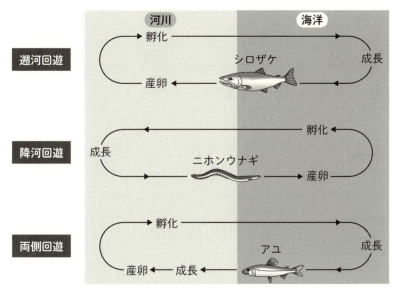

図 4-3　魚類、甲殻類の回遊のしかた

　このように、河川は、一生を河川内で過ごす生物だけでなく、生活史の一時期を河川で過ごす生物にとっても重要な生息場所を提供します。とくに、両側回遊をおこなう動物は、生活史の早い段階（幼生期）の遊泳力が乏しい時期に河川で誕生するため、餌が豊富な河口域や海まで速やかに下るためには、川の流れの助けをかりる必要があるのです。

流れを利用したサケ科魚類の採餌戦略と共存のしくみ

　イワナ（アメマス）やヤマメ（サクラマス）といった肉食性のサケ科魚類は、瀬や滝つぼで待ち構えて、上流から流れてくる底生動物や陸生昆虫を捕まえて食べます。これらサケ科魚類は、春先には水中を流下してくる底生動物を捕食しますが、初夏から盛夏にかけては、川の周囲の森林から落下し水面付近を流下する陸生昆虫を捕食します。

しかし、河川上流部では、生息場所や餌の量が限られるため、複数のサケ科魚類が生息する河川では、流程（河川を上流から下流にかけて縦断方向に見た場合の区間や位置）に応じてすみわけや食いわけをしていることがあります。

　たとえば、北海道の河川では、最上流部にオショロコマが生息し、同じ上流域でもその少し下流にアメマスが生息します。これらサケ科魚類の広域的な分布のしかたを決めているのは温度と標高です[45]。オショロコマとアメマスが共存する水域では、両種ともに流下昆虫を捕食します。しかし、流下昆虫の量が減ると、オショロコマは川底にいる底生動物をいち早く捕食しはじめます[46]。オショロコマの口は、アメマスの口と比べ、川底にいる底生動物を捕食できるよう下向きについているため、採餌法を柔軟に変えることができるのです。餌の利用が限られた状況下では、オショロコマが採餌法と餌を変えることによって、２種のサケ科魚類の共存を可能にしているのです。

4-1-2　出水に対する適応

耐える

　出水が発生し、土壌から植物を引きはがす強い力が加わっても、根を地中にしっかりと生やし、流れに逆らわず下流方向へ倒れることで出水に耐える植物がいます。

　代表的な種として、河川中流部から上流部にかけての流路近くに見られるツルヨシがあげられます。ツルヨシの茎は細長く強靭で、手で引っ張っても簡単にはちぎれません。さらには、砂地や河原でも匍匐枝を横に伸ばして根を下ろすことで、根株ごと流されるのを防いでい

第4章　川の流れやかく乱に適応した生物

図4-4　ハンノキ（写真：古谷愛子）

ます。枝がしなやかに曲がるヤナギ類も、このような出水への耐え方をする植物といえます。

　出水時に、流路から離れた場所(後背湿地)で長期間水位が下がらず、植物の根が酸欠になることがあります。土壌の低酸素状態がさらに続くと、土壌の還元化が進み、硫化物などの有害物質が蓄積して、植物に悪影響を与えます。このような条件下でも、悪影響を受けずに水が引くまで耐えることができる植物として、ハンノキ（図4-4）やアカメヤナギ（図4-5）が知られています。これらの樹種は、水につかる

と、幹の皮目（幹にある呼吸組織）や不定根（通常とは異なる位置から二次的に伸びた根）を自ら発達させることで、根に酸素を供給することができます。

　水生動物のなかには、急流に適応した形態をもつものがいます。たとえばヨシノボリ属は、腹ビレが変形して吸盤としての機能をもちますし、ブユ科の幼虫は吸盤で石に固着します。

　一般に河川では、出水かく乱の規模や頻度によって、生存または回復できる水生動物が異なります。しかし、河川ではときに川底の移動を伴う大規模な出水が生じることがあり、川底の移動は生息場所の喪失を意味するため、このような場面で出水に耐えることは事実上、不可能です。このように、水生動物のもつ出水かく乱への耐性は限られていることから、かく乱への耐性そのものよりも、出水の影響の受け

図4-5　出水による水位上昇にも耐えるアカメヤナギ（写真：伊藤浩二）

やすさと回復の早さが河川動物群集の構造と安定性に大きく影響していると考えられています[47]。

時間的に回避する

　出水が起きても、魚類などの動物とちがって、植物は根を下ろした場所から逃げることができません。ただし、水辺に生活する一年草のなかには、水位変動が少ない晩秋から早春にかけての時期や、夏に発生する数回の出水の合間の水位が安定している短い期間を利用して、急速に開花・結実させ、出水を時間的に回避する種がいます。たとえば、河川に生活する侵入種オオカワヂシャは、発芽から開花・結実を短期間におこない、1年に複数回繁殖することができます。多量の種子を生産し栄養繁殖も可能なことから、近年、急速に分布を広げています（図4-6、口絵9、10）。

　蛹という発育段階をもつ水生昆虫では、多くが水中で蛹に変態します。しかし、ヘビトンボ目やコウチュウ目、ガガンボ科などのように、幼虫が上陸して蛹化するものも知られています。これは、出水に対し抵抗性を高めるための生活史戦略と考えられています。

　ニジマスは、早春に産卵し、晩春から初夏にかけて卵から孵化します。一般に、サケ科魚類では、孵化後30～70日後の稚魚期がもっとも出水の影響を受けて流されやすい時期です。そのためニジマスは、秋から冬にかけて出水が多い河川では定着が見られますが、春から夏にかけて出水がある河川ではほとんど定着していません[48]。これは、ニジマスでは、孵化後30～70日後の稚魚期が出水のタイミングと重ならない河川でのみ生存して繁殖できているためと考えられます。

図4-6 オオカワヂシャ(写真:左、伊藤浩二、右、古谷愛子)

空間的に回避する

　河川で出水が起きると、多くの水生動物は、ワンドやタマリ、岸際の植生、出水時にのみできる流れの緩い場所に避難します。また、掘潜型の底生動物は、河川の流量が多少増えても動かないはまり石と川底の隙間に避難します。魚類や遊泳型の底生動物、匍匐型の底生動物などは、近くに小支流があれば、そこに避難することもあります。

　さらに、川底の下には「河川間隙水域(かせんかんげきすいいき)」と呼ばれる、河川水と地下水が混じり合う場所があり(図4-7)、センチュウ類やミミズ類、ヨコエビ類、ワラジムシ類、ミズダニ類、クマムシ類、昆虫類の若齢個体などに生息地を提供するほか、出水時には多くの底生動物に避難場を提供している可能性があることが報告されています[49]。しかし、

第 4 章　川の流れやかく乱に適応した生物

図 4-7　河川間隙水域。川那辺ら（2013）[3] より作図

　多くの底生動物は小型で、個体を追跡するのは難しいため、実際にこれらが出水時に河川間隙水域を避難場所として使っていることを直接確かめた研究はありません。多くの研究では、出水前と比べて出水直後に底生動物の個体数が増加し、その後、時間とともに個体数が減少していくことで、底生動物が出水時に河川間隙水域を避難場所として使っていた可能性を指摘しています[49]。

　出水ではなく干上がり時の研究ですが、ヒナイシドジョウと呼ばれる絶滅危惧魚を対象として、これらが河川の干上がり時に河川間隙水域を避難場所として使っていたことを直接つきとめた研究があります[50]。四国の河川で、干上がりが起こる前にヒナイシドジョウに標識をつけ、川が干上がったあとで河川間隙水域を調査したところ、川底表面から深さ 7 〜 22 cm の地点で、水がなくなってから 2 〜 40 日後

に合計31個体の標識をつけたヒナイシドジョウが捕獲されました。うち11個体は、水がなくなってから20〜40日後に捕獲されています。ただし、ドジョウ類は、エラ呼吸に加え、腸呼吸、皮膚呼吸をおこなう低酸素に強い水生動物であるため、河川間隙水域内が低酸素状態になっても耐えられたと考えられます。

　河川間隙水域は、ふだん表層水がどれだけ混じっているかによって、出水時や渇水時の溶存酸素濃度や水温などの微環境が変わってくるでしょう。河川間隙水域が水生動物の避難場所としてどれだけ機能しているのか、全容はまだよくわかっていません。

回復する

　植物のなかには、出水が起きて地上部がなくなっても、すぐに生長して回復する種がいます。近年、日本各地の河川で増加し問題となっている侵入種ハリエンジュ（図4-8）は、大きな出水で地上部が流されても枯れることがなく、残った根や幹からすばやく再生長（栄養繁殖）することで群落を維持するのです。

　一方、栄養繁殖が難しい一年生植物のなかには、土のなかで数年にわたって発芽せずに生きる種子（埋土種子集団）をつくる種がいます。例として、日本の多くの河川に定着している侵入種オオブタクサ（図4-9）やアレチウリ（図4-10）があげられます。これらの植物では、出水によりつくられた裸地で埋土種子集団からすばやく発芽、生長します。そして回復します。そのため、これらは根絶することが難しい植物です。

　出水がおさまると、底生動物や魚類は、ワンドやタマリ、岸際の植生、小さい支流、はまり石の隙間、河川間隙水域、そして上流部から、

第4章 川の流れやかく乱に適応した生物

図4-8 ハリエンジュ（写真：古谷愛子）

図4-9 オオブタクサ（写真：古谷愛子）

図 4-10　アレチウリ（写真：古谷愛子）

流下や遊泳、歩行によって徐じょに回復してきます。また、水生昆虫のなかには、ユスリカ類のように、数日で産卵から羽化まで成長が進む分類群や、成虫が上流に向かって飛翔し産卵する分類群がいるので、出水後、新たに生命が誕生することによっても生物群集が回復します。

　出水後の河川生物群集の回復時間は、河川や出水の規模、群集構成メンバーによって変化するので、一概にいうことはできません。小規模な出水の場合は、数日から1ヶ月程度で底生動物が回復したことが報告されています[51]。しかし、台風などによる大規模な出水が起きると、底生動物が回復するまでに少なくとも5年を要した例も報告されています[52]。また、一生を水中で過ごすニッポンヨコエビは、土石流が7〜21年前に発生した河川では姿が見られないことから、大規模出水に伴う局所絶滅から回復できなかったと考えられます[53]。

一般に、移動性の高い水生動物は比較的早く回復しますが、移動性の低い水生動物は、出水の規模によっては回復しないこともあるのです。

4-1-3　出水かく乱がつくる生物群集

出水かく乱と植生遷移

　河川中流部の河原では、生息地がパッチ状に分布し、出水の影響を受けたあとも、生息地が消失と回復をくり返しながら、景観構造全体としては平衡状態を保つことを第2章で紹介しました。ここでは時間的にも空間的にも大きく変化する河川中流域の河原を例にとり、出水かく乱により形成される河川植生の特徴を紹介します。

　比較的大きな河川であれば、中流域には流路のすぐ脇に石や砂に覆われた河原が広がっています。このような場所を砂州と呼びます（図4-11、口絵11）。河川の上流域で雨が降り、水位が上昇すると、砂州はすぐに水につかるため、植生はまばらにしか見られません。次に、砂州を横断方向に見てみましょう。流路に近い場所では比較的大きな石が多く、流路から離れるにしたがって小さい石や砂の割合が増えていくことに気づくでしょう。また、砂州を上流から下流に向かって歩くと、石の大きさは下流でより小さくなることに気づくはずです。砂州の石や砂の大きさ（粒径）をよく観察することで、出水時のかく乱の受けやすさを知ることができます。

　かく乱が強い場所、すなわち、石や砂の粒径が大きく、流路に近くて頻繁に水につかる場所では、平水時には乾燥し栄養が不足する過酷な環境となるため、ほとんど植生がありません。そのような厳しい環境でも、ツルヨシやカワヤナギは強い流れに耐えられるため、流路付

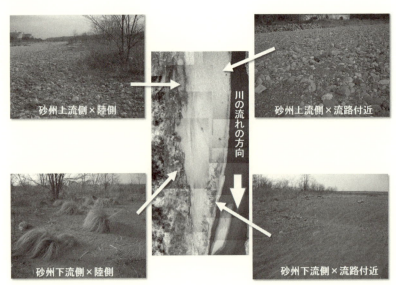

図 4-11　砂州（写真：伊藤浩二）

近で生活していることがあります。

　流路からやや離れると、河原の石のあいだに砂が混じるようになります。このような場所は丸石河原と呼ばれ、背の低い植生がまばらに見られます。丸石河原も貧栄養で乾燥しやすい環境ですが、水につかる頻度は年に1回〜数回程度に下がり、かく乱の強度も流路近くより小さくなります。そのため、厳しい環境に適応した植物種（丸石河原固有植物）にとって、丸石河原は、競争相手が少ない最適な生活の場となります。

　さらに流路から離れ、出水かく乱の頻度や強度が小さくなると、細かい砂が厚く堆積する環境になります。このような場所では最初にツルヨシやススキといったイネ科植物が定着します。のちに、これらの植生は、出水時に土砂を捕捉する役割を果たします。そうして砂や泥

が厚く堆積していくと、オギやヨシなどの高茎草本群落、あるいはノイバラ、アキグミ、エノキなどの木本類が定着していきます。しかし、50年に1度、100年に1度といった大規模な出水かく乱が起きると、大きく地形が変化し、植生遷移が進んだ群落が根こそぎ流されて裸地に変わることがあります。

このように、河原での植生遷移は、出水かく乱の受けやすさ（かく乱頻度）と土砂の堆積のしやすさの影響を受けています。

丸石河原固有種の存続のしくみ

丸石河原には河原固有植物が生活することを紹介しました。植物に限らず、丸石河原の環境に適応して生息する種を「丸石河原固有種」と呼びます。植物では、カワラノギクとカワラニガナの2種が丸石河原固有種として知られ、どちらも近年、絶滅が危惧されています[54]（図4-12、口絵12、13）。昆虫類では、カワラバッタが丸石河原固有種として知られます（図4-13、口絵14）。また、丸石河原を主な繁殖地として利用する鳥類に、イカルチドリやコチドリがいます（図4-14）。

このほかにも、丸石河原固有種とはいえませんが、海岸地などにも生息地をもちつつ、丸石河原を利用する種がいます。多くは種名の頭に「カワラ」がつくのが特徴です。植物ではカワラハハコやカワラヨモギ、昆虫ではカワラハンミョウやカワラゴミムシなどがいます。これらの多くは、丸石河原環境の減少とともに、絶滅の危機にさらされています。

出水かく乱は、河川で生活する生物にとって、避けては通れない試練です。それでは、丸石河原固有種はどうやってその試練をかいくぐって

図 4-12　上：カワラニガナ（写真：郷間守夫）、下：カワラノギク（写真：tomato54／PIXTA）

第4章　川の流れやかく乱に適応した生物

図4-13　カワラバッタ（写真：郷間守夫）

図4-14　左：イカルチドリ、右：コチドリ（写真：郷間守夫）

いるのでしょうか。その秘密は高い分散能力にあります。次に、カワラノギクを例にとり、これらが出水かく乱をしのぐしくみを紹介します。

　カワラノギクは、関東地方の多摩川や鬼怒川、相模川の中流域に生育する一年草〜多年草で、一度開花すると枯れてしまいます。このような植物を「一回繁殖型植物」といいます。カワラノギクは、10〜11月にかけて薄紫色の花を多数咲かせ、風に運ばれやすい綿毛をもつ種子をつけます。風に乗って近くの丸石河原にたどり着いた種子は、翌年の春に発芽し、早い個体でその年の秋に開花します。このように種子を風散布させ、次つぎと新たな生活の場を増やしていくことで、植生遷移による個体群の減少や出水かく乱による流出の危険性を極力小さくしています。

　カワラノギクのように、複数の局所個体群が、それぞれ消滅と生成をくり返しながら、個体（種子）の分散を通じて存続している状態のことを「メタ個体群」と呼びます。カワラノギクのメタ個体群が存続するためには、種子が風で運ばれる範囲内に、出水かく乱により新たな丸石河原がつくられる必要があります。しかし、第3章（3-2-1 河川環境の変化）で紹介したように、かく乱の減少や外来種の繁茂といった河川環境の変化により、多くの河川で新たな丸石河原がつくられにくくなり、カワラノギクの存続が危ぶまれています。

4-2　河川生物の観察法と採集法

　河川では、陸生昆虫や鳥類など、陸上動物の多くは双眼鏡や肉眼で観察することができますが、水生動物に関しては陸上からの直接観察

は困難です。ここでは、最初に、河川生物を観察する際の服装や注意点を説明し、次に、水生動物を中心として、いくつかの観察法や採集法を紹介します。最後に、河川周辺で見られる植物の観察ポイントについて紹介します。

4-2-1　河川での生物観察の際の服装と注意点

　河川に限らず、野外で生物観察を進めるときの基本的な服装は、つばのある帽子、長そで、長ズボンです。これらの服装は、紫外線や、ハチ類やアブ類の攻撃、ウルシかぶれなどから肌を守るために有効です。8月に入るとアブ類が大発生する河川も少なくないので、肌を露出していると、アブ類の集中攻撃にあい、とても痛い思いをします。場所や季節によっては、帽子に装着して虫の攻撃から顔を保護する防虫ネットも役立ちます。

　適切な足まわりは観察場所によって異なりますが、渓流であれば、底にフェルトがついた渓流靴（釣具店や登山用品店で入手できます）や胴長が一般的です。ゴム底の長靴はすべりやすいため、川の中を歩くのには適しません。比較的平坦な歩きやすい場所では運動靴でも大丈夫ですが、下草や樹林に覆われた場所では、浸水やヘビ類対策として長靴や胴長が有効です。

　河川に観察に出かけたときにもっとも注意しなければならないのは出水で、場合によっては死亡事故につながることもあります。融雪出水の時期や集中豪雨のあとは増水し、河川はたいへん危険な状態になります。また、高い山から流れる山地河川では、下流域で晴れていても、上流域で集中豪雨があり、一気に川の水かさが増す場合がありま

す。集中豪雨があると、上流域で土砂崩れが起き、川が堰き止められることがあります。川を堰き止めていた土砂が水の重みに耐えきれず崩壊すると、多量の水が堰を切って下流に向かい流れます。これを「鉄砲水」といいます。鉄砲水の発生前には、地鳴りがしたり、多量の落葉やゴミが流れてきたりするなどの前兆があるようです。急な増水や鉄砲水の前兆を感じたら、氾濫原から離れ、川岸の樹林帯のなるべく高いところまで上がってください。河川に出かける際には、天候や鉄砲水に十分注意するようにしましょう。

　北海道や本州、四国の山地河川では、クマ類に注意が必要です。クマ対策として、ラジオを大音量で流したり、クマよけの鈴を装着したりすることが有効です。また、7～10月にかけてはスズメバチ類にも注意が必要です。スズメバチ類の攻撃を受けやすい黒色の服装は避けましょう。川岸ではニホンマムシなどの毒蛇に注意してください。長靴や胴長をはくことで、ニホンマムシに足元をかまれる危険性を低くすることができます。

4-2-2　水中観察

　水中めがねとスノーケルは、大きな河川の中下流部で魚類の行動観察をするのに効果的です（図4-15）。スノーケリングの利点として、水中で生活する動物に接近できることがあげられます。通常、陸地から河川に近づくと、魚類は人影を見て逃げてしまいますが、水中めがねとスノーケルを装着して水面に浮いたまましばらくじっとしていると、魚類が近くまでよってくることがあります。

　真夏の日中、明るい時間に川でスノーケリングをすると、さまざま

第4章　川の流れやかく乱に適応した生物

図4-15　水中めがねとスノーケル（写真：西川潮）

な川魚が互いに関係をもっている姿が観察できます。たとえば、アユは、春先に海から川を上がってきて、夏には多くの個体がなわばりをもつようになります。このとき、アユは、石の表面の付着藻類が他のアユに食べられないよう必死に自分のなわばりを守ります。一方で、体が小さい劣位個体はなわばりをもつことができず、生息地に空きができるのをたえず狙っています。しかし、下手に優位個体のなわばりに侵入すると、なわばりの主の猛烈な攻撃を受けてあえなく退散するはめになります。この習性を利用したのがアユの友釣りです。おとりアユを泳がせてなわばりに侵入させ、攻撃してきたアユを引っかけて釣り上げるというわけです。釣りをしているところで水中観察をするのは危険ですが、釣り人のいないところを見つけて、水の中を観察す

ることによって、アユのなわばりをめぐる攻防が観察できることでしょう。

　また、夜になると、多くの魚類は寝ています。昼間活発に動いていた魚類も、淵の川底付近に漂っている姿が観察できます。逆に、テナガエビ類やモクズガニといった多くの甲殻類は夜行性のため、夜がふけてから本格的に動きはじめる姿が観察できます。また、魚類のなかにもナマズ類やウナギ類のような夜行性の魚がいます。

　箱めがねもまた、水の中の生物を観察するのに役立ちます。箱めがねは、比較的水深の浅いところで、前かがみになりながら足元をのぞくのに使用します（図4-16）。箱めがねのよい点は、全身を水につけることなく、水中が見えるところです。たとえば、筆者の一人(西川)は、夏でも水温が15℃くらいまでしか上がらない河川の源流部で、ニホンザリガニを採集するのに箱めがねを使っています。船を使えば、足のつかない大きな河川や深みでも箱めがねを使用することが可能ですが、バランスを崩して転覆しやすいので注意が必要です。

4-2-3　すくい取りや素手での採集

　河川の底生動物を採集する際にはたも網が使われます（図4-17）。カゲロウ類やカワゲラ類、トビケラ類といった水生昆虫類の多くは瀬にいるので、下流側に網を構え、そのすぐ上流側で川底をかくはんしたり、石をめくったりすることで、流れを利用してこれらの水生昆虫類を採集することができます。とくに、柄の短い網は、釣り餌用の水生昆虫を採集する際によく使われます。

　また、沈水植物や抽水植物が繁茂する場所では、たいてい植物体や

第4章 川の流れやかく乱に適応した生物

図4-16 箱めがね（写真：西川潮）

図4-17 たも網（写真：西川潮）

図4-18　どう（写真：西川潮）

　その根元付近に底生動物をはじめとするさまざまな水生動物が生活しています。魚類もまた、川岸の植生が水面に覆いかぶさっている場所を隠れ家として利用します。これらの植生帯を見つけたら、たも網を入れてみてください。
　巻貝類や二枚貝類、サワガニ類、ザリガニ類、テナガエビ類、カエル類、サンショウウオ類など比較的動きの遅い大型の水生動物は素手で捕まえることができます。甲殻類やサンショウウオ類は夜行性のため、日中は大きめの石や倒木の下に隠れています。そっと石や倒木をめくると、じっとしている姿が確認できるかもしれません。

4-2-4　ワナでの採集

　ザリガニ類やテナガエビ類、カニ類、魚類、カメ類といった大型の水生動物を捕獲する際には「どう」や「かにかご」などのワナが用いられます（図4-18）。「どう」は、地方によっては「もんどり」、「うけ」などの名称で知られ、昔は竹や樹枝によってつくられていましたが、近年はナイロン製や金網製のものが出回っています。これらの特徴は、返しがついているため、いったん動物がなかに入ると出にくい構造になっている点です。煮干や魚の切身、スルメなどを餌にして一晩、川に設置し、翌朝引きあげると、すくい取りでは捕獲しづらい水生動物や、夜行性の水生動物が捕獲できます。しかし、地域によっては、どうの使用にあたり、河川を管轄する都道府県や漁業協同組合から採捕許可証や同意書を取得する必要があり、一般向けには許可されないことがあります。どうの使用にあたっては都道府県の条例を確認する必要がありますが、詳しいことがわからない場合は、河川を管轄する都道府県の漁業管理課（ただし、都道府県によって担当課の名称は異なる）に問いあわせることをお勧めします。

　また、現場でのどうの使用にあたっても注意を要する点があります。両生類や爬虫類、水生コウチュウ類の成体といった、空気呼吸をする水生動物がいる場所にどうをしかける場合は、これらの動物がおぼれ死なないよう、どうのなかに浮きを入れ、呼吸できる空間をつくっておく必要があります。また、アメリカザリガニなどの侵入種が多い水域では、一緒にどうに入った在来種がアメリカザリガニに食べられたり傷つけられたりすることがあります。このような水域では、在来種への悪影響を減らすため、たとえば、朝晩1回ずつなどの定期的な

見回りと、どうの内容物の回収が必要です。

4-2-5　河川の植物観察

河川の植物観察をする際にとくに注目すべきポイントは、水域からの距離です。水辺の植物の分布は、水域から離れるにしたがって種類が入れかわりながら変化します。このような植生構造のことを水辺移行帯（水辺エコトーン）と呼びます。たとえば、河川下流域の水辺では、流路から陸地に向かって離れるにしたがって、ヨシ、オギ、ハンノキもしくはアカメヤナギの順に優占種が入れかわる様子が観察できます。河川の上流、中流、下流で水辺移行帯を構成する種が異なる様子が観察できるでしょう。

次に注目すべきポイントは、植物を「群落」という単位で見ることです。植物群落とは、ある区域のなかで互いに関係し合いながら生活している、複数の種から構成される植物個体の集まりのことです。優占種の名前をとって「ヨシ群落」や「オギ群落」などと呼ばれます。植物群落の出現の決まりや条件を研究する学問分野が「植生学」です。

ところで、似た環境には、しばしば同じタイプの植物群落が成立することが観察されています。先ほど紹介した「ヨシ群落」は水辺に近く、よく水につかる環境に出現しますが、地下水位が低く乾燥しがちな場所では「オギ群落」が見られます。もし野外でハンノキ群落を見つけたら、そこは地下水位が高く、河川流路から離れていて出水かく乱の影響が小さい場所である、と推測することができます。

「植生図」は、異なる植物群落をちがう色で塗り分けて地図化したものです。河川周辺の現時点での植生図（現存植生図）をつくること

ができれば、それぞれの植物群落に依存するさまざまな動物（鳥や昆虫など）の生息地が、どのような場所にどのくらいあるのかを評価することができます。

4-3 河川環境の代用生物

　これまで、流水や止水といった水辺環境の生物多様性指標として、鳥類、魚類、底生動物、動物プランクトン、植物プランクトン、付着藻類、水生植物などの有効性が調べられてきました。しかし、水辺環境では、その生物がいれば他の生物も多様であるといった、生物群集全体を代表するような生物多様性指標は見つかっていません[55]。そのため、水辺環境では、異なる物理化学的環境を生活の場として必要とする複数の分類群を生物多様性指標に用います。

　厳密な生物多様性指標とは少し意味合いが異なりますが、河川の水質を代表する指標生物はいくつかあげられます。河川では、溶存酸素量によって、そこにすめる底生動物が変化します。そのため、底生動物は河川の水質の指標生物となります。一般に、河川水の溶存酸素量は、水温と水の中の有機物量の影響を受けて変化します。水温が低いほど溶存酸素量は多く、また、水の中の有機物量が多いほどバクテリアなどによって酸素が使われるため、溶存酸素量は少なくなります。

　河川の水質判定に使われる主な底生動物は、昆虫綱（カゲロウ目、カワゲラ目、トビケラ目、ヘビトンボ目、トンボ目、コウチュウ目、カメムシ目、ハエ目）、ウズムシ目、軟甲綱（エビ目、ヨコエビ目、ワラジムシ目）、腹足綱、二枚貝綱、ミミズ綱、ヒル綱などです（図4-19）。

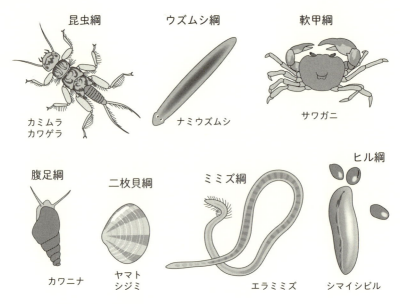

図4-19 河川の水質の指標生物

　河川環境では、付着藻類（石、植物体、人工構造物、砂泥などの表面に付着している珪藻などの藻類）や水生植物（とくに沈水植物）も水質の指標生物に用いられることがあります[56, 57]。しかし、付着藻類の分類には、高性能の光学顕微鏡での観察と、同定に関する専門的な知識が必要です。

　一方、沈水植物は、比較的安定した環境を好み、また光合成をおこなうのに、周囲が開けた環境が必要となります。そのため、沈水植物は、流れが急で周囲が森林で覆われている河川源流域ではほとんど見ることができません。しかし、これらは、十分な量の光が到達する比較的大きな河川の中下流部や氾濫原水域では、水質の指標生物として用いられます[58]。

なお、沈水植物は、とくに湖沼などの止水環境において、さまざまな役割をもつことが知られています[59]。たとえば、水中の窒素やリンといった栄養塩を吸収したり、脱窒と呼ばれる作用を通じて水中の窒素を大気中に放出したり、底泥の巻上げを抑制したり、化学物質を放出して植物プランクトンの成長を抑制したり、動物プランクトンや二枚貝に生息地や逃げ場、産卵場を提供したりします。そのため沈水植物は、河川では氾濫原水域（ため池を含む）において、生態系の安定状態（2-2-2 池沼と双安定状態参照）の指標になります。

4-4 底生動物から見る河川の水質

　底生動物は、複数の分類群を含み、河川源流域から河口域まで見られることから、全世界的に広く用いられる指標生物です。ここでは、底生動物を用いた河川の水質判定について紹介します。

　底生動物を用いた水質判定は、簡易な手法から本格的な手法までいくつか提案されています。簡易な手法としては、4つの水質階級（きれいな水（Ⅰ）、ややきれいな水（Ⅱ）、きたない水（Ⅲ）、とてもきたない水（Ⅳ））の代表的な底生動物の出現頻度から水質を判定する簡易水質評価法があります。本格的な手法としては、カゲロウ目（Ephemeroptera）、カワゲラ目（Plecoptera）、トビケラ目（Trichoptera）の種数を算出するEPT種数法（EPTは3つの分類群の頭文字をとったもの）や、底生動物をあらかじめ10段階のスコアに分類し、地点ごとに平均スコアを算出する科平均スコア法（Average Score Per Taxon の頭文字をとり、ASPT法とも呼ばれる）などがあります[60]。ここでは、学校の野外授業などで教えられ

図 4-20　簡易水質評価法で用いられる底生動物

第4章　川の流れやかく乱に適応した生物

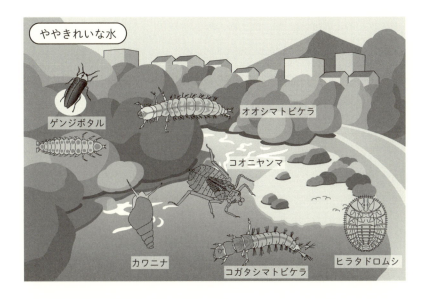

ている簡易水質評価法を紹介します（図4-20)[61]。簡易水質評価法で用いられる分類群は、種、属、科、あるいは目と、さまざまです。カッコ内に、該当する分離階級の階層を示しました。

きれいな水（Ⅰ）－カワゲラ類（目）、ヒラタカゲロウ類（属）、ヘビトンボ（種：ただし、琉球列島には多くの種が分布）、ナガレトビケラ類（科）、ブユ類（科）、ヤマトビケラ類（科）、サワガニ（種：ただし、琉球列島には多くの種が分布）、アミカ類（科）、ウズムシ類（科：外来種を除く）

ややきれいな水（Ⅱ）－コガタシマトビケラ類（種または属）、コオニヤンマ（種）、オオシマトビケラ（種）、カワニナ類（属）、ヒラタドロムシ類（科）、ヤマトシジミ（種：汽水性）、ゲンジボタル（種）、イシマキガイ（種：汽水性）、スジエビ（種）

きたない水（Ⅲ）－ミズカマキリ（種）、タイコウチ（種）、タニシ類（属）、ミズムシ（種：甲殻類）、ヒル（科）、イソコツブムシ類（種：汽水性）、ニホンドロソコエビ（種：汽水性）

とてもきたない水（Ⅳ）－セスジユスリカ（種）、エラミミズ（種）、チョウバエ類（科）、サカマキガイ（種：外来種）、アメリカザリガニ（種：外来種）

この一覧を見ると、EPT種数法で用いられるカゲロウ類、カワゲラ類、トビケラ類は、きれいな水またはややきれいな水にすんでいることがわかります。また、ミズカマキリ、タイコウチなどの止水性の水生昆虫類やサカマキガイ、アメリカザリガニなどの外来種はきたない水またはとてもきたない水の指標となっています。

ただし、簡易水質評価法の指標生物はやや分類群に偏りがあること、本来、窒素濃度やリン濃度、有機物量、溶存酸素量などで連続的な数

値として表される水質が最初に４つの階級に分かれていることなどから、簡易水質評価法を科学評価に使用するには限界があることが指摘されています[60]。学校・大学での演習や観察会で使う分には十分役立つでしょう。

落葉の分解から見る河川の水質

　河川では、落葉の分解速度も水質の指標となります[62]。落葉の分解速度を決める要因には大きく分けて、生物的要因と非生物的要因があり、生物的要因には、底生動物や菌類、バクテリアなどによる分解が含まれ、非生物的要因には、川の流れによって細かく砕かれる影響や水温などが含まれます。窒素、リンなどの栄養塩や有機物が水に多く含まれる河川ではバクテリアの現存量が多くなるので、落葉の分解が速く進みます。また、水のなかの栄養塩や有機物が少ない河川では、落葉を餌として食べる昆虫類や甲殻類などの破砕食者の生息数が多くなるので、この場合も落葉の分解が速く進みます。どのような生物によって落葉の分解が進んでいるかを明らかにすることによって、その河川の水質を知ることができるのです。

　それを明らかにするためには、落葉袋を用いた分解実験がおこなわれます（図4-21）。落葉袋とは、網の袋の中に落葉をつめたもののことで、目の粗い（たとえば、目合い 10 mm）落葉袋では、破砕食者や菌類、バクテリアが落葉袋の中に入ることができ、破砕食者が主要な分解者となるのに対し、目の細かい（たとえば、目合い 0.5 mm）落葉袋では、多くの破砕食者は落葉袋の中に入ることができなくなり、菌類やバクテリアが主要な分解者になります。目の粗い落葉袋と目の細かい落葉袋を対で同じ場所に設置し、複数の河川間で各落葉袋内の落葉の分解速度と落葉に集まった生物群集を調べることにより、その場所の水質について大まかに知ることができます。目の細かい落葉袋と比べ、目の粗い落葉袋で分解が速く進めば水質はよく、目の粗い落葉袋と目の細かい落葉袋で分解が同じくらいの速度で進めば水質は悪

 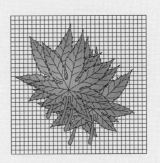

図4-21　落葉袋

いと考えることができます。前者の場合は、目の細かい落葉袋と比べ、目の粗い落葉袋で大型の破砕食者が多く見られるのに対し、後者の場合は、落葉袋の目合いの大きさにかかわらず破砕食者はほとんど見られないでしょう。

　また、落葉分解実験は、採鉱などの人間活動により汚染された河川の汚染度を測るためにも有効です。重金属汚染が進んだ河川では、底生動物がほとんどいなくなるため落葉分解速度が遅く、重金属汚染から回復傾向にある河川や、重金属汚染の影響をあまり受けていない河川では落葉分解速度が速くなります。

　ただし、こういった分解実験は、落葉がもっとも多い季節におこなわないと、破砕食者の役割を過小評価する可能性があります。破砕食者は落葉が多い時期に活発に活動するためです。落葉がもっとも多く見られる時期は、森林の種類や地域によって大きく異なりますが、たとえば、中部地方の低地における落葉広葉樹林帯の場合、通常は晩秋頃に河川に流入する落葉がもっとも多くなります。したがって、この場合、落葉分解実験の適期は晩秋頃から翌春にかけてとなります。

第5章 水田稲作に適応した生物

水田は日本の里山景観の主要な構成要素のひとつです。水田は私たち日本人の主食である米を生産するだけでなく、数かずの生物に生息地や餌場を提供します。水田や雑木林などからなる里山環境の大きな特徴は、従来、人が手を入れることによる適度なかく乱が、里山特有の生物多様性を生み出していることです。

　水田で見られる多くの動物や植物は、いっけん目立ったはたらきをしない「ただの虫」や「ただの草」です。ところで、一般的に使われる「虫（むし）」という用語は、昆虫だけでなく、その他の多くの無脊椎動物をいっしょくたに扱っていることが多いのが実情です。「虫」や「草」のなかには、水稲農業に有害なものもいれば、有用なものもいます。実際、生物が水稲農業に有用であるか有害であるかは、人が判断して決めることで、地域によっても有害生物や有用生物は異なるでしょうし、これまでただの虫や草だと考えられていた生物がじつは重要なはたらきをしていることだってあるでしょう。この章では、はじめに水田環境で見られる生物とその観察法について解説し、次に人の手を介した環境と生物の関わりについて紹介します。

5-1　稲作農業の有害生物

　一般に、水稲農業の有害生物は、動物であれば「害虫」、植物であれば「雑草」と呼ばれることが多いでしょう。また、水稲の病気を引き起こす病原体（微生物など）も有害生物とみなされます。ここでは、水田で見られる代表的な害虫、雑草、病原体について紹介します。

5-1-1 有害動物

水稲の生育や米の生産に悪影響を与える動物には、昆虫類、貝類、甲殻類、線形動物などが知られ、これらは「有害動物」と呼ばれます。なかでも、農業被害をもたらす昆虫類は「害虫」いいます。

春先にイネに被害を与える害虫として、イネミズゾウムシやイネクビホソハムシといったコウチュウ類が知られています。イネミズゾウムシは幼虫がイネの根を食害し、越冬成虫が新葉を食害します。

一方、イネクビホソハムシは幼虫も成虫もイネの葉を食べますが、とくに被害が大きいのは幼虫です。食害が大きいと、イネの葉が真っ白に変色してしまうほどです。

ところで、イネクビホソハムシはイネドロオイムシとも呼ばれます。これは、幼虫が自分のふんを身にまとい、まるで泥を背負っているように見えるところからそう名づけられました（図5-1）。

図5-1　左：イネドロオイムシの幼虫（写真：西川潮）、右：成虫（写真：古谷愛子）

図 5-2　アカスジカスミカメ（写真：古谷愛子）

　夏になると、イネが出穂期を迎え、その後まもなく結実します。この段階ではまだ子実（実のこと）は液状であるため、陸生のカメムシ類が吸汁することで、細菌または糸状菌の二次的な感染を引き起こします。なかでも子実への被害が大きいのはアカスジカスミカメです（図5-2、口絵15）。このカメムシの被害にあった米は、部分的に黒く焼けたように変色することから、斑点米と呼ばれます。

　夏から秋にかけて水田で多発生する害虫として、バッタ目やウンカ科、ヨコバイ科といった昆虫類があげられます。イナゴ科などのバッタ目昆虫類はイネの葉や穂を食害します。ウンカ科のなかでもセジロウンカ（図5-3）やトビイロウンカは大陸から飛来してイネを加害し、円状にイネを枯死させたり（坪枯れ）、水田全体のイネを枯死させたりすることもあります。また、ヨコバイ科の一種であるツマグロヨコ

第 5 章　水田稲作に適応した生物

図 5-3　セジロウンカ（写真：古谷愛子）

バイは、ウイルス病を媒介してイネを枯死させます。

　貝類では、東南アジア原産のスクミリンゴガイが有害動物として知られています。スクミリンゴガイはジャンボタニシとも呼ばれ、イネに毒々しいピンク色の卵を産みつけます。スクミリンゴガイは草食のため、水田に草がなくなるとイネを食べはじめます。

　甲殻類では、アメリカ北東部からメキシコ北東部にかけての地域を原産とするアメリカザリガニが有害動物として知られています（図5-4）。アメリカザリガニはイネを切断することもありますが、切断による被害自体はそれほど多くありません。アメリカザリガニは、天敵である肉食の鳥類や哺乳類、同種の共食いから身を守るため、あぜに穴を掘って隠れ家にします。農家にとっては、アメリカザリガニがあぜに穴をあけ、水田の水を抜いてしまう被害のほうが深刻です。

図5-4　アメリカザリガニ（写真：西川潮）

5-1-2　雑草

　雑草のなかでも水田内で生育するものは「水田雑草」と呼ばれます。これらは主に湿地を好む植物です。また、農作物の収穫量や品質に悪影響を及ぼす雑草のことを、「強害雑草」や「強害草」と呼びます。

　現代の水田の強害雑草として代表的なものは、ノビエ類（イヌビエ、タイヌビエなど）、ミズガヤツリ、イヌホタルイ、マツバイ、クログワイ、コナギ、クサネム、オモダカなどです（図5-5、口絵16）。

　一方、かつては強害雑草でしたが、近代農法の普及とともに希少になった水田雑草に、ミズアオイやサンショウモ、ミズワラビ、スブタなどがあります（図5-6、口絵17）。

　強害雑草が水稲農業に及ぼす被害として、第一に米の収穫量低下が

第 5 章　水田稲作に適応した生物

図 5-5　オモダカ（写真：古谷愛子）

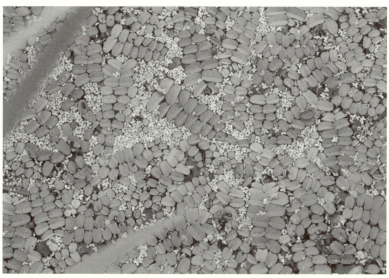

図 5-6　サンショウモ（シダ植物門サンショウモ科）。丸みを帯びた葉が交互に並ぶ姿が、サンショウ（被子植物門ミカン科）の羽状複葉（葉軸の左右に小葉がならんだもの）に似ている（写真：古谷愛子）

あげられます。除草剤を使わない無農薬・無化学肥料栽培田では、コナギやイヌホタルイなどの強害雑草の抑草がうまくいくかどうかが、米の収穫量を決めるといっても過言ではありません。

　第二に、強害雑草は米の品質に直接的または間接的に影響を与えます。たとえば、クサネムが大発生した水田では、米の収穫の際に玄米のなかにクサネムの種子が混入し、コメの等級を下げてしまいます。また、水田内に発生したイヌホタルイがアカスジカスミカメなどのカメムシ類を水田内に呼び寄せ、斑点米の被害を増やします[63]。さらに、イネの栽培がおこなわれない冬期から早春にかけての時期に開花・結実するスズメノテッポウが、ツマグロヨコバイの幼虫越冬や早春の産卵に適した宿主となります。

5-1-3　病原体

　水稲はさまざまな病気にかかることが知られています。糸状菌（カビ）によって引き起こされる病気（たとえば、いもち病）、昆虫類が媒介するウイルスによって引き起こされる病気（たとえば、イネ縞葉枯病）、センチュウ類によって引き起こされる病気（たとえば、イネ心枯線虫病）、生理障害によって引き起こされる病気（たとえば、根腐れ）など、病原体や病気を発症させる要因も多様です。これらの病気のなかで、いもち病はもっとも深刻な病気のひとつです。

　いもち病は、カビの一種であるイネいもち病菌がイネに感染して起きる病気です。感染すると葉や穂が褐変して徐じょに株全体へ広がり、生育不良と収穫減を招きます。感染源はいもち病菌のついた籾やわらです。古来、飢饉の原因としてたいへん恐れられている病気です。

病気の発生には気象要因が大きく関わり、夏期の低温や多雨、日照不足が引き金になります。近代農業では殺菌剤の散布により大きな被害は少なくなりましたが、それでも冷害の年にはいもち病が発生し、米の収穫量や品質の低下を招きます。

5-2 稲作農業の有用生物

　農業生産性を高めたり、雑草や害虫の多発生を抑えたりする生物を「有用生物」といいます。有害生物と異なり、日本の水稲農業で有用生物として知られる生物は、通常は動物です。

　農業生産の場でとくに生物のはたらきが重要となるのは無農薬・無化学肥料栽培でしょう。慣行栽培では、除草剤や殺虫剤、殺菌剤といった農薬を使って、農業生産を妨げる雑草や害虫の発生を予防したり抑えたりするのに対し、無農薬・無化学肥料栽培では、できるだけ生物や生態系のはたらきを利用して雑草や害虫の多発生を抑えるからです。

　水稲農業の有用生物としてまずあげられるのは、土づくりに欠かせないミミズ類でしょう（図5-7）。水田のミミズ類は、一般には「イトミミズ」として知られていますが、淡水産のミミズ類には、イトミミズが含まれるミズミミズ科のほか、ツリミミズ科、ヒメミミズ科、オヨギミミズ科が知られている[1]ので、ここではこれらをまとめて「水生ミミズ類」と呼びます。

　水生ミミズ類は、底泥中の有機物を食べて土を耕し、ふんを排泄することで、水田の土を肥沃にします。また、水生ミミズ類がたくさんいると、生物かく拌を通じて水田の水が濁り、底泥表面に光が届きにくくなるために、雑草の発芽や生育が抑制されるといわれています。

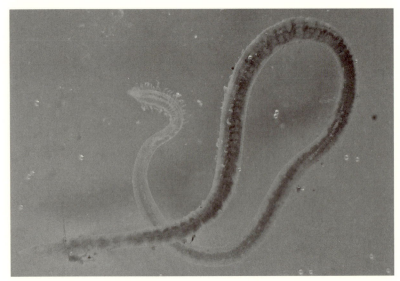

図 5-7　エラミミズ（写真：川瀬莉奈）

図 5-8　2014 年に佐渡島で新種記載されたヘリジロコモリグモ。写真中央はメス、右下はオス（写真：西川潮）

第 5 章　水田稲作に適応した生物

図 5-9　ヤサガタアシナガグモ（写真：小林頼太）

したがって、水生ミミズ類は、肥沃な土をつくると同時に雑草の多発生を抑え、イネの生育を助けるのです。

　クモ類やカエル類といった捕食者も重要な役割を果たします。クモ類には大きく、徘徊性（図5-8、口絵18）と造網性（図5-9）の種類がいます。徘徊性のクモ類は、待ち伏せをして小動物を捕まえるのに対し、造網性のクモ類は、イネの株間やあぜと株の間に網を張り、網にかかる小動物を捕まえます。また、カエル類は、幼生期にはデトリタス（植物や動物の腐ったもの）などの有機物を食べていますが、成体になると小動物を捕まえて食べるようになります（図5-10）。これらの捕食者は、斑点米被害をもたらすアカスジカスミカメなどのカメムシ類の有力な捕食者となります。

　水生カメムシ類（タイコウチ、タガメなど）、水生コウチュウ類（ゲ

図5-10 ヤマアカガエル（写真：西川潮）

ンゴロウ、ガムシなど）、トンボ類も捕食者ですが、これらは、カ類やユスリカ類といった衛生昆虫や不快昆虫を減らすことはあっても、直接、農業害虫を減らす効果はあまり感じられないかもしれません。しかし、水生カメムシ類、水生コウチュウ類、トンボ類は、水田とその周辺環境の主要な捕食者として、生態系のバランスを保つために重要な役割を果たしていると考えられます。

　水生カメムシ類は一生を水の中で過ごし、幼虫も成虫も獲物の体に消化液を注入し、肉を溶かして体液ごと吸う「体外消化」をおこないます（図5-11）。水生コウチュウ類も一生を水の中で過ごしますが、幼虫の多くは体外消化をおこなう捕食者であるのに対し、成体の多くは生きている小動物よりも、動物や植物の死骸を食べるデトリタス食になります。トンボ類は成長に伴って生息地が変化し、幼虫（ヤゴ）

第5章 水田稲作に適応した生物

図5-11 ニホンアマガエルを捕食するタイコウチ（写真：西川潮）

は水の中にいる小動物を捕らえるのに対し、成虫は主に陸生昆虫類を捕まえて食べるようになります。

シヘンチュウ類や寄生蜂類といった寄生者もまた、害虫の多発生を抑えます。

シヘンチュウ類は線虫の仲間で、2つの異なる戦略をもつものに分かれます。ひとつは、孵化した幼虫が寄主（寄生先）となる昆虫類やクモ類を探し体内に侵入するタイプ、もうひとつは、雌成体が寄主となる昆虫類やクモ類の餌生物に卵を産みつけ、これら節足動物が餌を食べることで体内に侵入するタイプです。いずれのタイプも寄主の体を食べて成長しますが、成長とともに寄主の体内におさまりきらなくなり、やがて寄主の体を食い破って外に出てきます（図5-12）。

それに対し、寄生蜂類は、雌成体が寄主となる昆虫類やクモ類を

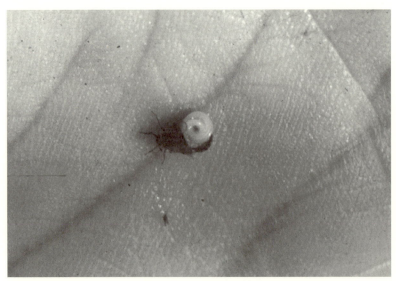

図5-12 ウンカシヘンチュウに寄生されたトビイロウンカ（写真：日鷹一雅）

図5-13 左：クロハラカマバチ、右：クロハラカマバチに寄生されたヒメトビウンカ（写真：古谷愛子）

見つけ、直接これらの体内に卵を産みつけます（図 5-13、口絵 19、20）。寄主の体内で寄生蜂の幼虫が卵からかえると、幼虫は寄主の体を食べながら成長し、やがて終齢幼虫または蛹から羽化した成虫が寄主の体を食い破って体外に出てくるのです。

シヘンチュウ類や寄生蜂類の多くは捕食寄生者と呼ばれ、イネミズゾウムシやイネクビホソハムシ、ウンカ類といった農業害虫の天敵となります。

次節では、有害生物、有用生物であるかどうかにかかわらず、水田とその周辺に現れる主要な動植物の生態を紹介します。

5-3　水田とその周辺に現れる生物の生活史戦略と繁殖戦略

水田は、米を生産するためにつくられた半自然環境なので、1 年のなかでも、農事暦にそって、湿地になったり、裸地や草地になったりします。田植えや収穫の時期は、地域によってもイネの品種によっても異なりますが、ここでは、新潟県佐渡市のコシヒカリの栽培田を例に、水田の水位変動を説明します（図 5-14）。

佐渡市では、通常、4 月初中旬頃に田に水を入れ、5 月初旬の大型連休頃に田植えをおこないます。そして、6 月中旬頃より水田の水を抜いて、10 〜 14 日ほど中干しをおこないます。中干しが終わると、再び水田に水を入れ、8 月中下旬頃までの間、水田の水がなくなったら水を入れる作業をくり返します（間断灌水と呼ばれる）。そのため、水田に生息する生物は常に水位変動にさらされることになります。この節では、水位変動に対する生物のさまざまな適応について紹介します。

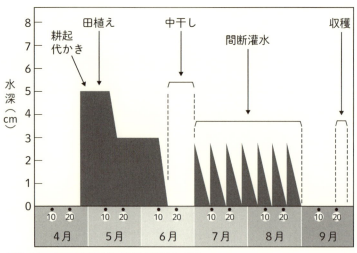

図5-14 水田の水位変動（新潟県佐渡市の例）

　ただし、第2章で紹介したように、過去数十年の間に、農薬・化学肥料の使用や中干しの実施、大型機械の導入などがおこなわれるようになり、農法や水田環境が大きく変わってきました。近代農法に順応できる生物は現在も存続していますが、順応できない生物は次つぎと姿を消しているのが現状です。

5-3-1　水位変動に対する適応

上陸する

　ヤマアカガエルやニホンアカガエルは、早春、雪融けや降雨によって水のたまった水田で産卵を開始します。オタマジャクシは3ヶ月ほどで四肢が生えてあぜに上陸するので、早く生まれた個体は、中干しを迎える頃には上陸しています。

一方、ニホンアマガエルは、ヤマアカガエルやニホンアカガエルに遅れて、水田への水入れとともに産卵を開始します。しかし、ニホンアマガエルは成長が早く、オタマジャクシの期間が1〜2ヶ月と短いため、やはり中干しを迎える頃には多くの個体が陸に上がっています。

　このように、これらのカエル類では、早くオタマジャクシ期間を終えたものは、水田から陸へと生息地を変えるのです。「早くオタマジャクシ期間を終えたものは」というただし書きをつけたのは、これらのカエル類は産卵期間が長く、遅く生まれると中干しまでに上陸できないものも出てくるためです。

歩いて移動する

　水田に水がなくなると、脚をもつ水生動物は歩いて近くの水のある場所まで移動します。移動距離は分類群によってさまざまで、個体差も大きいようです。

　ヤマアカガエルやニホンアカガエルは、水田で変態を終えると陸地を利用するようになります。いずれのアカガエル種でも、ひと夏の繁殖地からの移動距離は最大で500mほどです[64]。ニホンアカガエルは水田周辺の草地にとどまることが多いようですが、ヤマアカガエルは上陸後に森林を生息地として利用するため、繁殖場から周囲の森林にかけての生息地のつながりが確保され、異なる生息地へ個体が移動できることが、その後の生存に重要となります。

　日本では侵入種として知られるアメリカザリガニは、水田地帯ではかなり長距離移動することがわかっています。スペインの水田地帯で発信機をつけて追跡した研究によると、アメリカザリガニは4日間で400m〜17km移動したことが報告されています[65]。これは必ずし

も水位変動に伴う移動とは限りませんが、アメリカザリガニは、より好適な環境を求めて、生息地を変えることができるのです。

飛んで移動する

　昆虫類の大部分は成体になると翅をもつため、水田の水がなくなると、水のある場所に飛んで移動します。水生昆虫類の飛翔能力はさまざまで、ユスリカ類のように、通常の飛翔距離が500m以内と短いものから[66]、ウンカ類のように、毎年アジア大陸から日本まで数百kmもの距離を飛ぶものまでいます[67]。

動物にくっついて移動する

　植物は動物と違い、一度定着した場所から自ら移動することはできませんが、種子や栄養繁殖体（種子以外の地上茎や地下茎、塊茎などの無性的に繁殖可能な器官）が水鳥などの動物にくっついて移動することがあります（図5-15）。このような散布法を「動物付着散布」といいます。

　また、種子が動物に食べられ、その動物が移動した先で、ふんや未消化物として体内から吐き出されて散布されることもあります。このような散布法を「動物被食散布」といいます。ここでは、動物のなかでも鳥類に注目し、これらによる水田雑草の散布の可能性について説明します。

　水鳥による動物付着散布では、鳥の羽毛に種子や栄養繁殖体がくっつくか、種子をつけた植物体がくちばしや脚について運ばれます。このような植物は、水鳥に運んでもらいやすくする戦略をもっているのでしょうか？

第5章 水田稲作に適応した生物

　これは水田以外の事例ですが、東京の小笠原諸島で鳥に付着した種子を調べた結果、羽毛に付着していた種子は、動物にくっつきやすくなるようなカギ形の構造や、粘着質物質をもったものに限らないことがわかりました[68]。また、浮遊植物で水生シダ植物である特定外来生物のアメリカオオアカウキクサ（アゾラ・クリスタータ）は、アイガモ農法をおこなう水田に餌として導入されたものが、水鳥に付着して周辺の水田や湖沼に分布を広げたといわれています。アメリカオオアカウキクサも、鳥にくっつきやすくなるような特別な形をしているわけではありません。

　動物付着散布の可能性はさまざまな研究者によって指摘されているものの、実際に、種子や栄養繁殖体、植物体が鳥の体についている現

図5-15　胸にヒシの実をつけたオナガガモと、湖畔に打ち上げられたヒシの実。
今村、斉藤（2013）より転載[4]

場をとらえた研究は少なく、はっきりしたことはわかっていないのが現状です。

また野生動物の例ではありませんが、人間の長靴や耕うん機の車輪に泥とともに付着した種子が、別の水田へ移動することが知られています。このことから、人間も水田雑草の重要な種子散布者であるといえます。

動物被食散布は、動物付着散布と比べて、効率よく種子が散布されるので、より重要度が高い散布法といえます[69, 70]。動物被食散布では、植物食の動物（哺乳類や鳥類など）が種子のついた植物を採餌することが散布のきっかけになります。たとえば、ヒヨドリやツグミ、ムクドリなどスズメ目の鳥類が、種子を包む果肉を食べることで、消化されなかった種子が発芽能力を失わない状態でふんとして体外に排出されます。

しかし、水田雑草のなかには鳥が好んで食べる果実をつけるものは多くありません。水草などの小さな種子が消化されずに水鳥のふんとともに排出され、散布に役立っていることを報告した研究はありますが[67]、水田雑草の種子がどの程度、動物被食散布されているのかについては、ほとんどわかっていません。

水田に限った話ではありませんが、動物プランクトンなどの小動物もまた、水鳥が湿地で採餌した際に、脚や羽にくっついたり、餌として体内に取り込まれたりすることで、短距離または長距離移動することが明らかになっています[71]。動物プランクトンの休眠卵は消化管のなかで消化されないため、餌と一緒に食べられても、排泄物とともに外に排出されるのです。

さらにミジンコ類では、遺伝的に同じクローンを生む単為生殖期と、

オスとメスが交配して子孫を残す有性生殖期があり、通常はメスだけで単為生殖をおこないますが、環境条件が悪くなると有性生殖をおこない休眠卵を産みます。そのため、メスが1個体だけ新しい場所に運ばれたとしても、単為生殖によって次つぎと子孫を増やすことができるのです。遺伝解析の研究から、日本各地で見られるミジンコは、過去数百年から数千年の間に北米から到着した、たった4種類の遺伝子型のクローンであることが明らかになっています[72]。

穴に隠れる

水田は通常、水を保持するため、底から深さ30cmくらいのところに粘土層があります。そのため、多くの生物にとって、水田の下に向かって深く穴を掘るのは難しいでしょう。しかし、あぜに向かって穴を掘る水生動物はいます。その代表的な生物にアメリカザリガニがあげられます。

アメリカザリガニは、原産地では、水位変動の激しい天然湿地で生活しています。なかには4m以上の深さの穴を掘る個体もいますが、通常は長さ1.5mくらいの穴を掘ることにより、水位変動（乾燥、出水）や天敵、共食いから身を守ります[73,74]。また、穴は、アメリカザリガニが繁殖したり越冬したりする場所としても使われます。水田でもアメリカザリガニは、原産地同様に穴を掘って隠れることにより、耕作期（夏期）や非耕作期（冬期）の乾燥や寒さに耐えることができるのです。

図 5-16　ふたを閉じたマルタニシ（写真：西川潮）

耐える

　マルタニシやスクミリンゴガイなどの巻貝は、水位が低下すると泥の中に潜り、ふたをしっかり閉じて乾燥に耐えます（図 5-16）。マルタニシでおこなわれた実験によると、大型個体では、水のない状況下で 9 週間以上は生存できることが示されています[75]。

　ドジョウ類はエラ呼吸に加え、腸呼吸、皮膚呼吸もおこなえるので、低酸素状態に強く、水位が低下しても泥のなかに潜ることができます。しかし、極端な乾燥状態や、長いあいだ水がない状態で耐えられるわけではありません。

　水位の低下とともに泥のなかに潜る戦略は、休眠に入る場合を除き、短期的には有効な戦略となるでしょう。

　水田の生物が出会う季節的な乾燥状態は、一般に非耕作期の晩秋か

ら早春までと、耕作期の中干し期（6〜7月）です。この期間に、水田から移動できない水生生物は、次に水が入るまでの間、乾燥に耐えるためのしくみをもっています。

　水田雑草の場合、発芽前であれば、多くは種子の状態で乾燥に耐えることができますが、発芽後は移動できないため、乾燥は致命的になります。とくに、イヌタヌキモやシャジクモ、ミズオオバコ、スブタのような乾燥耐性をもたない沈水植物にとって、中干しをおこなう水田は生息適地とはいえません。ただし水草でも、キクモやヒルムシロのように、水位変動に応じて陸生葉と水中葉をつくり分けて乾燥に耐えることができる植物もいます。

　一方、イネの形態をまねたり、イネと生育時期を同調させたりすることで、農作業に伴う除草やかく乱を避け、イネの収穫前に種子を散布する雑草もあります。代表的なものは、タイヌビエやヒメイヌビエといったノビエ類です。このような雑草は、「随伴雑草」または「擬態雑草」といわれます。この場合、かく乱に「耐える」というよりは、「逃げる」といったほうが適切かもしれません。

眠る

　冬期、通常の水田では、水がない状態が保たれることが多いと思います。この時期、多くの動植物は卵や種子の状態で眠っています。ミジンコ類やカイアシ類、ホウネンエビ類、カブトエビ類、アカネ属トンボ類は卵の状態で休眠し、冬を越します（図5-17）。翌春、水田への水入れ後、水温が上昇することによって卵から幼生が孵化するのです。

　幼体や成体の状態で越冬する動物も多く知られています。ヤンマ類、シオカラトンボ類といった大型トンボ類や、夏から秋にかけて産卵す

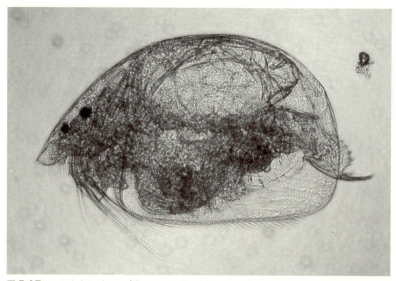

図5-17 コシカクミジンコ（*Coronatella rectangula*）。体長0.4 mm（写真：大阪純一）

るツチガエル、孵化から上陸までに長い期間を要するウシガエルは、幼体のまま湿った泥のなかに潜り越冬します。ヤマアカガエルやニホンアカガエル、トノサマガエル、ウシガエル（いずれも成体）は、水田の稲ワラの下や、あぜや土手の土のなか、水田近くの草むらに潜って越冬します[76]。

　水生カメムシ類（成体）や水生コウチュウ類（成体）は、種によって越冬のしかたが異なります。水田の水がなくなると、タイコウチやミズカマキリ、ガムシなどのように、近くのため池や湧水湿地、土堀りの水路といった水域に移動して越冬するものもいれば、オオコオイムシのように湿った水田で冬を越すもの（水のなかでも確認されている）、クロズマメゲンゴロウやマメゲンゴロウのように水田に残った水のなかで越冬するもの、シマゲンゴロウやコシマゲンゴロウ、ヒメ

ガムシのように、こつぜんとどこかに姿を消してしまうものもいます[77]。

水田雑草のなかには、埋土種子集団という、休眠した種子を土のなかに1年以上にわたって生きたまま蓄えるものがあります。とくに、1年以内に生活環を終え、小さな種子を大量に生産することができる一年生雑草には、埋土種子集団をつくるものが多く見られます。驚くことに、埋土種子の寿命は20〜30年から、長いものでは50年以上ともいわれています。毎年、除草剤をまいた水田からでも次つぎと雑草が生えてくるのは、埋土種子が土のなかに眠っているためと考えられます。

このように埋土種子集団が多く存在することは稲作にとっては困りものですが、長らく耕作放棄された水田の埋土種子集団から絶滅危惧植物が復活することもあり、生物多様性保全の観点から、その活用が期待されています。

切れて増える

水田雑草のなかには種子だけでなく、土のなかに塊茎や根茎、地表には走出枝（ランナー）といった栄養繁殖体を生産して個体を増やすものがあります（図5-18）。多年生雑草のクログワイ、オモダカ、コウキヤガラ、セリなどです。トラクターで水田を耕うんする際に、これらの多年生雑草は、根茎が細かくちぎれて広がっても、その断片から個体を再生する能力をもっています。断片から再生した個体は、いわゆるクローンです。これらの多年生雑草は、種子繁殖と栄養繁殖の両方の増殖のしかたをもつことで、生存の可能性を高めています。

水草の仲間にも切れ藻で増える植物があります。中干しをおこなわ

図 5-18　クログワイの根茎（矢印）。点線の丸囲みは根茎の先についた塊茎
　（写真：古谷愛子）

ない水田で見ることができるイヌタヌキモは種子繁殖もしますが、切れ藻が水鳥にくっついて長距離散布されたり、水の流れに乗って散布されたりすることで、別の水田や池に定着すると考えられています[78]。

5-3-2　化学合成農薬に対する耐性の獲得

　近代農業の発展とともに、水田ではさまざまな農薬が使われるようになってきました。世界で最初に登場した化学合成農薬は有機塩素系殺虫剤のDDTで、1938年にドイツ・カーネギー社のミュラー氏によって発明されました。なお、化学合成農薬は、有機化学的手法により人工的に合成されるため「有機農薬」とも呼ばれますが、有機質を用いて栽培される有機栽培の「有機」とは、「有機」の意味が異なります。

日本では、終戦前の1944年には水稲農業用の化学合成除草剤が開発され、戦後の1946年には化学合成殺虫剤DDTが普及しだしました。

　農薬は、戦後の日本での水稲農業と経済の発展に欠かせない存在でした。日本植物防疫協会の調査によると、農薬を使用しないで水稲栽培を進めた場合の米の収穫量は、使用した場合と比べ、平均で28％減少することが示されています[79]。しかし、この収穫量の減少率には大きな幅があり、長崎県の水田のように、農薬を使用しないで水稲を栽培すると、雑草、イネミズゾウムシ、ウンカ類、いもち病の多発によりイネが消滅し、米が収穫できなかった場所もあります。農薬の使用によって、農業者の労働時間は大きく減少し、米の収穫量や出荷金額は大きく上昇しました。

　しかし、これで害虫や雑草が完全に姿を消したわけではありません。生物は、環境の変化に対して急速に進化することが知られています。日本で農薬が本格的に使用されはじめて数年後には、それまで使用されていた農薬が効かなくなる現象が各地で報告されるようになりました[80]。これを、薬剤耐性を獲得した、といいます。

　害虫が薬剤耐性を獲得する2つのしくみが知られています[81]。ひとつは、「遺伝子増幅」と呼ばれ、遺伝子を増やす現象により害虫が体内で代謝酵素を多く生産し、薬剤を無毒化できるようになることです。もうひとつは、薬剤が標的とするタンパク質の構造が突然変異により変化し、薬剤に対する感受性が低くなる（すなわち、あまり効かなくなる）ことです。さらに、薬剤耐性を獲得した個体は生存・繁殖に有利であるため、自然選択を通じて薬剤耐性をもつ個体が次つぎと増殖していくと考えられます。

　また、農薬の使用によって天敵が減り、それまで目立たなかった生

物が増殖して害虫になる「リサージェンス」(復活、再起の意)と呼ばれる現象も見られるようになりました[82]。

雑草では、スルホニルウレア(SU)系除草剤抵抗性をもった水田雑草が1990年代半ば頃から問題となっています。SU系除草剤は、少量で幅広い種類の雑草に効く薬剤として、代かき後に1回散布するだけでよい除草剤(一発処理剤)として使われています。しかし害虫と同様に、この薬剤に対して感受性のない(薬剤耐性のある)遺伝子をもつ雑草が出現しています。また、薬剤耐性ではありませんが、クログワイ、オモダカ、コウキヤガラなど、塊茎や根茎といった栄養繁殖体で増える多年生雑草は一発処理剤が効きにくいため、難防除雑草として扱われています。

現在、日本を含む多くの先進国の水田では、DDTは使われていません。近年はそれに代わり、クロロニコチル系(ネオニコチノイド系と呼ばれる)やフェニルピラルゾール系という、昆虫類の神経系に特異的に作用する殺虫剤が使われるようになりました。しかし、日本を含む東アジアやインドシナ半島では、年ねん、トビイロウンカやセジロウンカといったウンカ類の、これらの殺虫剤に対する感受性が低くなっていることが報告されています[83]。

このように、害虫・雑草と農薬はイタチごっこの関係にあります。害虫・雑草の薬剤耐性が確認されると、新しい農薬が登場するというくり返しです。研究者や農家のなかには、可能な限り農薬を使わず、水田とその周辺環境で多様な生物をはぐくむことによって農作物の抵抗力を高めることが、害虫や雑草、病気の多発生の予防につながると考えている人もいます。このことから、近年は、農薬や化学肥料の使用をできるだけ減らした栽培法が注目されています。

5-4　水田生物の観察法と採集法

　水田や湛水休耕田（5-6-1 生物共生農法の「水田ビオトープ」の項参照）の観察会などで観察の対象となる多くの生物は、有害生物でも有用生物でもない、ただの虫、ただの草でしょう。しかしじつは、食物網のなかで食う・食われるの関係で他の生物とつながっていたり、窒素やリン、有機物などの循環の面で重要なはたらきを担っていたりすることがあるかもしれません。実際には、生物が生態系で果たす役割が知られている生物はごくわずかです。

　ここでは、最初に、水田で生物観察を進める際の服装と注意点について説明し、次に、水田に現れる生物の代表的な観察法について紹介します。もしかすると観察を通じて、生物の思わぬはたらきを知ることができるかもしれません。

5-4-1　水田での生物観察の際の服装と注意点

　水田での生物観察の際は、つばの長い帽子（麦わら帽子など）、長そで、長ズボンをお勧めします。足まわりは、あぜの上を歩くだけであれば、長靴が便利です。湛水された時期に水田のなかに入る場合は、素足でも大丈夫ですが、股下くらいまでの長さの、靴底の薄い田植え用長靴があると便利です。

　水田は私有地なので、立ち入る際には、必ず水田の耕作者または所有者の許可を得てください。無断で水田に侵入したり、あぜを壊したり、イネを踏みつけたりすると、耕作者や所有者とのトラブルのもと

になります。立ち入りの許可が得られたら、農作業の邪魔にならないように配慮し、現地で農家さんに会った場合には挨拶をすることを心がけましょう。

　水田は多少の悪天候でも、河川のように危険性は高くありません。しかし、周囲が開けている分、日差しが強いため、夏の暑い日にはつばの大きい帽子をかぶる、水分を多めに補給するなどの熱中症対策が必要です。

　水田には危険な生物はほとんどいませんが、マツモムシ（カメムシ目）を素手で捕まえると、鋭い口吻で刺されることがあります。刺されるととても痛いので注意が必要です。また、あぜの周りにはニホンマムシがいる場合があります。7〜10月はスズメバチ類に注意しましょう。

5-4-2　両生類の卵塊数調査（早春）

　山地の水田では、雪融けとともに産卵を開始する生物がいます。アカガエル類やサンショウウオ類です。アカガエル類は、1匹の雌が大きな塊で卵を産みます。それに対しサンショウウオ類では、1匹の雌が2個の卵塊を対で産みます。アカガエル類もサンショウウオ類も1個1個の卵ではなく、いくつもの卵を塊で産むため、これらは卵塊と呼ばれます。

　3〜4月頃、本州中部の日本海側の地方（新潟県〜福井県）では、ため池や水田表面の雪が融けて水面が見えはじめると、ヤマアカガエルやクロサンショウウオが産卵を開始します。この時期、山の斜面にはまだ多くの雪が残っていることでしょう。2種の産卵する時期はほ

第 5 章　水田稲作に適応した生物

図 5-19　ヤマアカガエルの卵塊調査（写真：西川潮）

ぼ同じですが、卵から幼生がかえるまでの時間は大きく異なります。水温にもよりますが、ヤマアカガエルの卵塊は、2 週間くらいでオタマジャクシにかえるのに対し、クロサンショウウオの卵塊は 2 ヶ月ほどで幼虫にかえります。

　ヤマアカガエルやクロサンショウウオの卵塊は、日を追うごとに増えていくので、卵塊を見つけたら、印として発見した場所に細い棒を立てておきましょう（図 5-19）。定期的に観察場所を訪れて新しい卵塊を見つけたら棒を足し、最終的にいくつの卵塊が確認されるか数えてみるとよいでしょう。その際、ヤマアカガエルの卵塊は短期間でオタマジャクシにかえるので、こまめに現地に足を運ぶ必要があります。

5-4-3　水生動物のすくい取り（春〜初夏）

　水田に水が入り、田植えが終わると、水田内ではさまざまな水生生物が見られるようになります。5月はじめに田植えがおこなわれる水田では、6月初中旬の中干し前頃が、もっとも水生動物が多様になる時期です。裸足になって水田のなかまで入ると泥の感触が気持ちよいのですが、じつは水生動物は、水田の中央部よりもあぜ直下に多くいます。ホームセンターなどで売っている小型の観賞魚用の網を用いて、あぜの上からあぜにそって水田の泥の表面を軽くすくってみましょう（図5-20）。水のなかだけでなく、泥の表面やなかにも多くの水生動物が見られます。とくに水生コウチュウ類や水生カメムシ類は、水面があぜ草によって覆われた場所に多く見られます。

　網を使って泥ごとすくったら、水田に張られた水のなかで網をゆすりながら泥をよく洗い流し、内容物を平たいプラスチック製の容器（バット）にあけましょう。その後、やわらかいバネ性ピンセット（たとえば、志賀昆虫普及社から発売されているNo.209ピンセット）や筆を使って、

図5-20　水田底生動物のすくい取り（写真：西川潮）

第5章 水田稲作に適応した生物

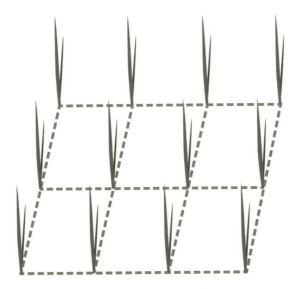

図 5-21 水田生物の見取り

水生動物を泥から拾いだしてください。水生コウチュウ類や水生カメムシ類、トンボ目幼虫、ユスリカ科幼虫、貝類、オタマジャクシ、魚類、クモ類などが確認できるでしょう。

5-4-4 水生動物・クモ類の見取り（春〜夏）

見取りは、あぜを歩きながら、目視で確認できた生物を記録する方法です。水生動物の生息数を数える際は、稲株に囲まれた四角形を方形枠に見たてます（図5-21）。前述のすくい取りが遊泳能力の低い小動物の採集に効果的であるのに対し、見取りは遊泳能力の高いコウチュウ類の成体や魚類、オタマジャクシの生息数を数える際に有効です。

見取りはカエル類（成体）の調査にも有効です。カエル類は通常、

あぜの上と水田内のあぜ際にいます。あぜを歩きながら、あぜから跳び出した個体とあぜ際の水面（1株目のイネとの間）にいる個体を数えてください。

また、7〜8月になると、水田の水が少なくなり、アシナガグモ類やコガネグモ類といった造網性のクモ類が、イネの株間や、あぜとイネの間に網を張る姿が多く見られるようになります。この時期は、見取りを通じて、造網性のクモ類の生息数を把握することができます。

5-4-5　アカトンボの脱皮殻調査（初夏）

6〜7月になると、本州中部の多くの水田では中干しをおこないます。中干しを迎える頃、羽化して成虫になる昆虫がいます。アカトンボです（図5-22、口絵21）。アカトンボはアカネ属の総称で、実際にはアキアカネのように体色が赤いものもいれば、ナニワトンボのように体色が赤くないものもいます。アカネ属は全世界で約50種が知られ、日本では21種が記録されています。

アカトンボの脱皮殻調査も見取り調査のひとつです。あぜを歩きながら、イネの茎についた脱皮殻を探し、一定距離または面積あたりの脱皮殻の数を数えていきます。

図5-22　ノシメトンボの脱皮殻
（写真：野村進也）

コラム 近代農業がもたらしたひずみ

アカトンボはなぜ減ったのか

　近代農法の普及により、全国的にアカトンボ（アカネ属）の数が減ったといわれています。アカトンボの数の減少には大きく2つの要因が影響しています。ひとつはネオニコチノイド系殺虫剤の普及です。ネオニコチノイド系殺虫剤は脊椎動物には目立った影響を与えませんが、昆虫類の神経系に作用するため、農業害虫をはじめとする多くの昆虫類に悪影響を与えます。アカトンボもその影響を受けた生物のひとつです[84]。

　要因としてもうひとつ考えられるのは中干しです。中干しがおこなわれるようになったのは、比較的最近のことで、現在ではほとんどの水田で中干しがおこなわれます。例外は、抑草のために夏の間も水位を一定に保つ無農薬・無化学肥料栽培の水田です。これらの水田では、農薬・化学肥料が使われないことに加え、中干しもおこなわれないため（おこなう水田もある）、底生動物の多様性が高いことが示されています[85, 86]。多くのアカネ属トンボ類は、中干しと羽化の時期が重なります。そのため、中干しがおこなわれると、終齢を迎えたヤゴが羽化する機会を失い、干上がりにより死滅してしまうのです。

圃場整備とトノサマガエル

　圃場整備は、農村の生産環境の改善を目的としておこなわれる公共事業です。耕作地の区画整備や用排水路の整備、農道の整備などが含まれます。圃場整備がおこなわれると、農地の管理はしやすくなりますが、生物には悪影響を与えることが知られています。たとえば、か

図5-23　トノサマガエル（写真：西川潮）

つて用排水路は土掘りでしたが、圃場整備がおこなわれた用排水路はコンクリートで固められ、水田より一段低い位置に設置されます。そのため、多くの水生動物にとって、用排水路は不適な生息場所となるとともに、水田と用排水路間の移動が困難になりました。なかでもトノサマガエルの成体は吸盤の力が弱いため、いったんコンクリートのU字溝のなかに落ちると、はいあがることができません（図5-23）。トノサマガエルは、中干しの影響で多くのオタマジャクシが上陸前に干上がることもあり、全国的な減少につながっていると考えられています。

　一方で、ニホンアマガエルのように、用排水路のコンクリート化の悪影響を受けにくいカエル種もいます。ニホンアマガエルは吸盤が発達しているため、コンクリートのU字溝に落ちても強力な吸盤ではいあがってくるのです。

5-4-6 湿生・水生植物の観察法（夏）

　専門的な植生調査では、1m四方の方形枠を設置して、枠内にある植物種の種名と、場合によっては植被率（ある植物が枠内地表を覆う面積を百分率で表したもの）をあわせて記録します（図5-24）。この

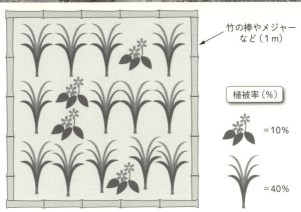

図5-24　植生調査（写真：伊藤浩二）

とき、方形枠の大きさは自由に決めることができますが、調査面積を一定にすることで、異なる環境や農法のあいだで植物の種類や被度を比較することが可能になります。

より簡便な方法として、水田内部ではなく、イネが栽培されていないあぜ際で調査をおこなうこともできます。この場合、方形枠は正方形である必要はありません。ただし、あぜ際には水田雑草だけでなく、あぜで生活する陸生の雑草が含まれることがあります。

用排水路や承水路の植物を観察する方法も、基本的には水田と同じです。植物の場合、種の同定には花や果実などの繁殖器官を確認する必要があるので、開花時期（主に夏から秋）をねらって調査すると効率的です。また、農業の近代化によって希少になった水田雑草が数多いため、これらの希少種を主な対象とした調査もいいでしょう。

5-4-7　クモ類のすくい取りと観察（秋）

秋になると、バッタ類が成長して大きくなり、その存在が目立つようになります。またウンカ類が大陸から飛来します。同時に、昆虫類を捕食するクモ類も生息数が増えます。これら陸生の節足動物を捕獲する際は、柄の長い、頑丈な捕虫網が有効です。あぜを歩きながら、捕虫網をイネに向かって水平に振り、昆虫類やクモ類を捕獲してみましょう（図5-25）。アシナガグモ類やコガネグモ類といった造網性のクモ類以外に、カニグモ類などの徘徊性のクモ類も捕獲できるでしょう。

また、イネとその株間の見取りから、造網性のクモ類と徘徊性のクモ類の餌の捕まえ方を観察することができます。造網性のクモ類は網を張って、徘徊性のクモ類はイネの上部や根元で待ち伏せをして、イ

図 5-25　すくい取り調査（写真：福島友滉）

ネに発生する昆虫を捕まえる姿が確認できるでしょう。

5-5　水田環境の代用生物

　日本では、水田の生物多様性の豊かさを表す代用生物（指標生物）として、1）アシナガグモ類、2）コモリグモ類、3）トンボ類（抜け殻または成虫）、4）カエル類（幼体または成体、または両方）、5）水生コウチュウ類・水生カメムシ類（2 群の合計）が選定されています[87]（図 5-26）。これらは、全国の環境配慮型栽培田（農薬・化学肥料の低減・削減栽培田）と慣行栽培田に出現した動物類の比較にもとづき選定された分類群です。いずれの分類群も水稲害虫の捕食者と

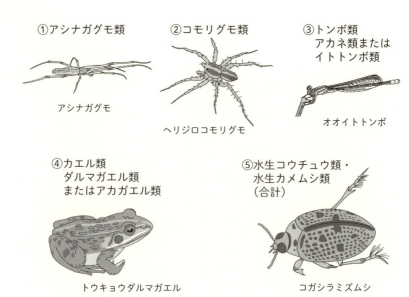

図5-26 水田の生物多様性指標。農林水産省農林水産技術会議事務局（2012）より作図

しての役割をもつこと、捕食者の多様性が高い環境はこれらを支える「ただの虫」の多様性も高いと考えられることが、選定の背景にあります。

　一方、ヨーロッパでは、天然の池の生物多様性の代用生物（指標生物）として、①水生植物、②巻貝類、③水生コウチュウ類、④トンボ類（成虫）、⑤カエル類が選定されています[88]（図5-27）。これらの5群は生態的地位や分散能力が異なるため、生態的に相補的な（互いに足りない部分を補いあう）役割を果たすことが、選定の背景にあります。食物網において水生植物は生産者、巻貝は藻類を食べる第一次消費者、水生コウチュウ類の多くは小型底生動物を捕食する第二次消費者です。トンボ類の成虫は水陸移行帯（水域と陸域の境界域）にある植生の質の指標生物となります[89]。また、カエル類は成長に伴っ

第5章 水田稲作に適応した生物

図 5-27 池の生物多様性指標（写真：①大封裕介、②④⑤西川潮、③野村進也）

て草地（あぜ）や森林などの陸域も利用するため、水域周囲の土地利用の影響を大きく受けます[90]。これら5群は、分散能力が低いもの（水生植物、巻貝類）から、陸域で分散するもの（カエル類）、空中を分散するもの（トンボ類、水生コウチュウ類）と、分散能力とその方法もさまざまです。

除草剤を使っていない水田では、藻類や水生植物が豊富になり、これらを食べる第一次消費者も多様になると考えられます。今後、日本の水田の指標生物にも、水生植物などの生産者や巻貝類などの第一次消費者を含めることにより、生態的相補性を考慮に入れた指標群が確立できることでしょう。

5-6　生物多様性に配慮した水田管理と水辺の生物

5-6-1　生物共生農法

「生物共生農法」という言葉はなじみが薄いかもしれません。現在では国土面積の半分近くが農地になっているヨーロッパの多くの国では、日本に先立ち、生物の生息場所に配慮した農地管理の取り組みが進められています。ヨーロッパでは、過去100年あまりの間に森林伐採や土地の埋め立てといった開発が急速に進み、原生の自然がほとんどなくなってしまいました。そのため、畑地や牧草地といった農地を食料生産の場としてだけでなく、生物の保全と農業活動が両立できる環境として管理していく取り組みが注目されています。これが生物共生農法です。

典型的な生物共生農法は無農薬・無化学肥料栽培ですが、それだけでなく、垣根の配置や、面積といった野生動物の生息場所に配慮した取り組みも進められています。その取り組み内容に応じて、国から補助金が支払われるしくみになっています。

日本では、2015年4月より『農業の有する多面的機能の発揮の促進に関する法律（平成26年法律第78号）』が施行され、その一環として、日本型直接支払制度にもとづく「環境保全型農業直接支援対策」が進められています。

ところで、日本（農林水産省）では、生物多様性や地球温暖化といった地球環境に配慮した農業は「環境保全型農業」と呼ばれますが、英語圏では、このような農業は、環境にやさしい農業を意味するEnvironmentally friendly farming（環境配慮型農業）と呼ばれます。環境省の『自然再生推進法（平成14年法律第148号）』にもとづいて制定された「自然再生基本方針」では、保全とは、「良好な自然環境が現存している場所においてその状態を積極的に維持する行為」、再生とは「自然環境が損なわれた地域において損なわれた自然環境を取り戻そうとする行為」と説明しています[91]。そのため、農薬・化学肥料の使用や温室効果ガスの発生などに配慮しながら劣化した農地を再生し、農業生産の場として維持管理するという意味においては、環境にやさしい農業は、保全よりも再生に位置づけられ、「環境保全型農業」よりも「環境配慮型農業」のほうが用語としてしっくりきます。

環境配慮型農法には大きく、「生物多様性に配慮した農法」、「人間に配慮した農法」、「災害緩和型農法」の3つがあります[92]。なお、人間に配慮した農法は「環境保全型農業直接支援対策」の対象には含まれていませんが、農作業の省力化を重視した「省力農法」や、農業生

産性の向上を重視した「水田養鯉」(長野県佐久地方でおこなわれている、米の生産とフナの養殖を同じ水田でおこなう農法)といった、人間をとりまく環境に配慮した農法も環境配慮型農法に含められるでしょう。これらのうち、生物多様性に配慮した農法が生物共生農法です。

　2015年度現在、日本では、水稲農業が、「環境保全型農業直接支援対策」の対象農地面積の73％を占めています。日本がヨーロッパの国ぐにと大きく異なるのは、ヨーロッパでは畑作や牧畜といった主要農業が陸地環境でおこなわれているのに対し、日本では主要農業が主に湿地(水田)環境でおこなわれている点です。したがって、環境配慮型農法への取り組みも、ヨーロッパでは主に乾燥地でおこなわれているのに対し、日本では湿地(水田)でおこなわれています。

　次に水田の代表的な生物共生農法を紹介します。

農薬・化学肥料の低減・削減栽培

　通常、水稲の栽培期間中には農薬や化学肥料といった化学物質が使われますが、これらの使用量を大幅に減らす(3～8割低減)栽培法が減農薬・減化学肥料栽培、これらを一切使用しない栽培法が無農薬・無化学肥料栽培です。また、種まきや植えつけ前の2年以上(多年生草本の場合は3年以上)の間、無農薬・無化学肥料栽培を続けるなど、決められた基準を満たし、日本農林規格により認定された場合は有機栽培(有機JAS)となります。

　無農薬・無化学肥料栽培や有機栽培の水田では、水田雑草が増え、底生動物やクモ類などの生息数が増えます(図5-28)。しかし、これらの水田では、除草剤を使う水田と比べ、米の収穫量が1/2～1/3に減ります。

第 5 章　水田稲作に適応した生物

図 5-28　無農薬栽培田に繁茂した水田雑草コナギ（写真：古谷愛子）

早期湛水

　春先、山地や山地に近い平野部では、雪融けとともにアカガエル類が産卵を開始します（図 5-29）。たとえば新潟県佐渡島では、これら両生類の産卵は 3 月上旬頃からはじまります。そこで、通常よりも 1 ヶ月ほど水田の水入れを早くすることで、多くの両生類に産卵場所を提供することができます。

　一般的な水田では、田植え前に水田の水を抜くため、多くの卵塊やオタマジャクシは排水口から流れてしまいます。しかし、それでも水田内に水が多く残る限り、水田内に残るオタマジャクシの数もけっして少なくありません。水田圃場に承水路（以下の項参照）が設置された水田では、承水路が避難場所になるので、承水路が設置されていない水田と比べ、より多くのオタマジャクシが見られるかもしれません。

図 5-29 棚田に産卵された
ヤマアカガエルの卵塊（写真：西川潮）

承水路の設置

　承水路とは、水田圃場に中あぜをたててつくられる素掘りの深溝のことで、古くから、山地の水田に入る冷たい湧き水を温めるためにつくられてきました（図 5-30）。承水路の呼び名は地域によって異なり、「江(え)」（新潟県佐渡市）、「そよ」（新潟県刈羽郡）、「テビ」（千葉県長生郡）、「ヌルメ」（長野県南安曇郡）、「ヒエボリ」（茨城県多賀郡）、「ヒヤリ」（山口県周防大島）などが知られます。近年、佐渡地域では、承水路の設置は、水田の生物多様性を向上させる取り組みとして注目されています。

　近代農法では、夏に水田の中干しをおこないます。中干しをおこな

第 5 章　水田稲作に適応した生物

図 5-30　承水路（江）（写真：西川潮）

うと、移動性の低い動物は乾燥して死んでしまいますが、承水路があると、水田の水がなくなっても承水路が水生動物の避難場所を提供します。また、通常、承水路の水深は水田より深いため、深みを好む底生動物が移入してきます[93]。さらに、冬期に承水路に水がたまる水田では、幼虫の状態で越冬するヤゴ（トンボ目）に越冬場所を提供します[93]。これらのことから、承水路を設置することで水生動物の多様性が高まります。

水田魚道の設置

　水田魚道は、ドジョウやフナ類など産卵のために水田に遡上する魚類が、水田と用排水路を行き来できるようにした通り道です（図5-31）。昔は用排水路が土掘りで、水田と用排水路の間に障壁がなかっ

191

図5-31　魚道（写真：西川潮）

たため、魚類が自由に行き来できました。しかし、現在、多くの地域では、圃場整備がおこなわれて用排水路がコンクリートで固められ、水田より一段低い位置に設置されるようになった結果、用排水路と水田は段差により完全に分断されてしまいました。滋賀県の琵琶湖流域では、魚のゆりかご水田米の栽培を通じて、魚を水田に呼び戻すための取り組みが進められています。また、新潟県佐渡市では、トキの餌であるドジョウを水田で増やすため、水田魚道の設置が進められています。

中干し延期

　西日本では、中干しがおこなわれる6月中旬頃には、トノサマガエルのオタマジャクシやアカネ属トンボ類の多くが幼体のまま水田に残っています。そこで、通常よりも中干しの実施時期を2週間ほど遅らせることで、トノサマガエルの上陸やアカネ類の変態を助けることができます。

冬期湛水（ふゆみずたんぼ）

　一般に、イネの収穫が終わり、11月から2月にかけての連続した2ヶ月間水田に水を張ることを冬期湛水(ふゆみずたんぼ)といいます。

　冬期湛水をおこなう目的は、大きく分けて2つあります。ひとつは、底生動物や水鳥などを中心とした水田の生物多様性を高めることです（図5-32）。もうひとつは、農薬を使用しない有機栽培などにおいて、水田雑草を抑制するとともに、微生物や水生ミミズ類といった分解者のはたらきを高めて稲わらの分解を進め、土を肥沃にすることです。

　これら2つの目的は密接な関係にあります。冬期湛水をおこなうと、水田内の微生物や底生動物が増え、小動物を餌とする水鳥も増えます。すなわち、分解者の働きが活発になるとともに水鳥を頂点とする食物網が形成されるのです。

　湿地の保全に関わる国際的な条約に「ラムサール条約」があります。これは、とくに水鳥の生息地として国際的に重要な湿地を指定し、そこに生息する動植物を保全するために湿地の賢明な利用を進めることを目的としています。2016年6月現在、日本には50のラムサール条約登録湿地があり、なかには水田を含む登録湿地が3地点含まれます。宮城県蕪栗沼とその周辺水田、兵庫県円山川下流域とその周辺

図5-32 冬期湛水田を利用するハクチョウ類(写真:西澤誠弘)

水田、石川県片野鴨池(片野鴨池は池と水田によって構成される)です。蕪栗沼の周辺水田では冬期湛水を実施したことにより、マガンの来訪数が大きく増えたことが知られています[94]。

夏期湛水(なつみずたんぼ)

　水稲農業ではありませんが、夏期に畑地を湛水することを夏期湛水(なつみずたんぼ)といいます。関東地方では4月から7月にかけて大麦が収穫され、その後、7月から9月初旬にかけて大麦畑の夏期湛水がおこなわれることがあります。夏期湛水は一般的な取り組みではありませんが、昔はカラスムギなどの農業雑草の抑制や農作物の連作障害を防ぐためにおこなわれていました。

　近年、夏期湛水は、渡り鳥であるシギ類、チドリ類、サギ類の餌場

第5章　水田稲作に適応した生物

図 5-33　夏期湛水田を利用するシギ・チドリ類（写真：古谷愛子）

や休息場を提供することで注目されています[95]。夏期湛水はそれまで乾燥地だった農地を比較的短期間湛水する取り組みですが、水生昆虫のなかには数日から1ヶ月程度で卵から成虫まで変態をとげる生物がいること（たとえば、ウスバキトンボ、ユスリカ類）、卵や種子の状態で休眠していた生物が水入れとともに休眠から覚めること（たとえば、ミジンコ類、カブトエビ類、ホウネンエビ類、多くの水生植物）、中干しを迎えた水田から水を求めて水生動物が移入してくること（たとえば、水生カメムシ類、水生コウチュウ類、カエル類）、鳥の体にくっついたり排泄物を介したりしてさまざまな動植物が運ばれることなどから、夏期湛水田で見られる水生生物はけっして少なくありません。生物が豊かになった水田には、さらに多くのシギ類、チドリ類、サギ類が集まってきます（図 5-33、口絵 22）。

図5-34 水田ビオトープ(写真:NPO法人能登半島おらっちゃの里山里海)

水田ビオトープ

　最近、小・中学校の環境学習の一環として「水田ビオトープ」が造成され、生物を観察する場として活用される機会も多くなりました(図5-34)。

　ビオトープ(biotope)は、ギリシャ語の生物(bio)と場所(topos)をあわせた造語で、生物の生息空間のことをいいます。水田ビオトープ(田んぼビオトープなどの呼称もある)の明確な定義は見当たりませんが、イネの栽培の有無にかかわらず、生物多様性の保全・再生を目的としてつくられた水田環境を指すことが多いようです。

　水田ビオトープにイネを育てる場合でも、農薬を使わず中干しをおこなわないなど、生物がすみやすい環境を整えることを重視します。とくに、近代農業が普及する以前の伝統的な農事暦(地域ごとに定まった、

田起こしや田植え、水入れ、収穫などの農作業カレンダー）にしたがって栽培する水田ビオトープでは、そのような環境に長年適応してきた水田をすみかとする動植物にとって貴重な生息地となるでしょう。

また、休耕田に湛水するだけの水田ビオトープ（湛水休耕田）もあります。湛水休耕田は、地域によっては、水田の生物多様性を向上させる取り組みとして「環境保全型農業直接支払支援対策」の対象のひとつに位置づけられています。通常の水田では、夏場にイネが大きく成長して開けた水面が少なくなるので、その時期に水田に入ることができなくなるトキなどの鳥類にとって、湛水休耕田は主要な餌場のひとつになります[96]。

ところで、水田ビオトープで見られる生物たちはどうやってそこにやってくるのでしょうか？　水田ビオトープをつくる際にあらかじめ植物を移植したり、動物を導入した場合は別ですが、いつの間にか身に覚えのない生物がすみついていることがあります。

その謎を解く手がかりのひとつが、なつみずたんぼと同様に、本章の最初に紹介した、ミジンコ類などの休眠卵や水田雑草がつくる埋土種子集団にあります。作業者の長靴の底についた土に休眠卵や埋土種子が含まれていることがあり、そこから目覚めた生物が水田ビオトープに加わることがあります。

またトンボ類やカエル類のように、近くの水田や森林から水田ビオトープに移入し、産卵する生物もいます。水田ビオトープに集まる生物群集を観察することで、地域の生物多様性の現状を把握することができるかもしれません。

コラム−水田地帯の自然再生 —— 象徴種としてのトキ

　新潟県佐渡市では、環境省により進められているトキの野生復帰事業にあわせて、2008年度より水稲農業に「朱鷺と暮らす郷づくり」認証制度が導入されました（図5-35）。

　「朱鷺と暮らす郷づくり」の主な認証基準は、従来と比べ、農薬・化学肥料の使用を5割以上減らすこと、4つある「生きものを育む農法」のいずれかひとつ以上に取り組むこと、6月と8月の年2回、農家主体の生きもの調査をおこなうことなどです。

　「生きものを育む農法」には、冬期湛水、江の設置、魚道の設置、ビオトープ（水田ビオトープ）の設置があり、その取り組みに応じて、水田10a（1,000 m²）あたり最大10,000円の補助金が支払われます（補

図5-35　佐渡市「朱鷺と暮らす郷づくり」認証制度の現地確認票（写真：西川潮）

助金単価は2015年度にもとづく)。

　認証米は、トキのシンボルマークが米袋につけられた「朱鷺と暮らす郷米」として、慣行栽培米と比べ、高値で取引されます。たとえば、イトーヨーカドーでは、新潟県産コシヒカリと比べ5 kgあたり500〜700円高値の約2,800〜3,000円で販売されています(ただし、年によって変動)。認証米の売上の一部(米1 kgあたり1円)は「佐渡市トキ環境整備基金」に寄付され、トキの野生復帰事業に使われています。

　それだけではありません。この慣行栽培米との差額は生態系サービス(自然がもたらしてくれる恵み)への支払いとみなすことができ、生物共生農法の取り組みによる水田地帯の環境再生と地域再生の支援金となっているのです。自然の恵みを受けるのは水田地帯だけではありません。生物が豊かな水田で栽培された米は、消費者に対し、食の安全という恵みをもたらしてくれます。トキは、水田地帯の自然再生の象徴種として重要な役割を果たしているのです。

引用文献

1) 大高明史「水生ミミズ類と水質環境」、谷田一三（編）『河川環境の指標生物学』北隆館、2010 年、p.86-94
2) Usio N, Azuma N, Larson ER, Abbott CL, Olden JD, Akanuma H, Takamura K, Takamura N (2016) Phylogeographic insights into the invasion history and secondary spread of the signal crayfish in Japan. *Ecology and Evolution*, DOI : 10.1002/ece3, 2286
3) Townsend CR, Scarsbrook MR, Doledec S : The intermediate disturbance hypothesis, refugia, and biodiversity in streams. *Limnology and Oceanography* 42, 1997, 938-949
4) Vannote RL, Minshall GW, Cummins KW, Sedell JR, Cushing CE : The river continuum concept. *Canadian Journal of Fisheries and Aquatic Sciences* 37, 1980, 130-137
5) 竹門康弘「底生動物の生活型と摂食機能群による河川生態系評価（特集 3 流域生態系の保全・修復戦略 – 生態学的ツールとその適用」、『日本生態学会誌』55、2005 年、p.189-197
6) MacMrthur R, Wilson E : *The Theory of Island Biogeography*. Princeton University Press, 1967
7) Oertli B, Joye DA, Castella E, Juge R, Cambin D, Lachavanne J-B : Does size matter? The relationship between pond area and biodiversity. *Biological conservation* 104, 2002, 59-70
8) Søndergaard M, Jeppesen E, Jensen JP : Pond or lake: does it make any difference? *Archiv Fur Hydrobiologie* 162, 2005, 143-165
9) Campbell NA, Reece JB, Urry LA, Cain ML, Wasserman SA, Minorsky PV, Jackson RB : *Biology*. Pearson, 2015
10) Scheffer M, Carpenter S, Foley JA, Folke C, Walker B : Catastrophic shifts in ecosystems. *Nature* 413, 2001, 591-596
11) Havens KE : Cyanobacteria blooms: effects on aquatic ecosystems. *Advances in Experimental Medicine and Biology* 619, 2008, 733-747
12) 富田啓介「日本に見られる鉱質土壌湿原の分布・形成・分類」、『湿地研究』1、2010 年、p.67-86

13) 岡田操「泥炭湿地におけるケルミ・シュレンケ複合体の形成過程——カレックスモデルを用いた検証」、『地形』31、2010年、p.17-32

14) 日本ダム協会『ダム年鑑2015』一般財団法人日本ダム協会、2015年

15) 谷田一三、村上哲生『ダム湖・ダム河川の生態系と管理』名古屋大学出版会、2010年

16) 大森浩二、一柳英隆『ダムと環境の科学Ⅱ ダム湖生態系と流域環境保全』京都大学学術出版会、2011年

17) Mori Y, Kawanishi S, Sodhi NS, Yamagishi S：The relationship between waterfowl assemblage and environmental properties in dam lakes in central Japan: Implications for dam management practice. 応用生態工学 3, 2000, 103-112

18) 内田和子『日本のため池——防災と環境保全』海青社、2003年

19) 藤尾慎一郎『新 弥生時代——500年早かった水田稲作』吉川弘文館、2011年

20) 守山弘『水田を守るとはどういうことか——生物相の視点から』農山漁村文化協会、1997年

21) 曽根原昇、馬場多久男、伊藤精晤「長野県更埴市姨捨地区における伝統的畦畔植生が隣接する整備畦畔植生に与える影響」、『信州大学農学部紀要』39 (1-2)、2003年、p.37-50

22) 大窪久美子、前中久行「基盤整備が畦畔草地群落に及ぼす影響と農業生態系での畦畔草地の位置づけ」、『ランドスケープ研究』58、1994年、p.109-112

23) 田和康太、中西康介、村上大介、西田隆義、沢田裕一「中山間部の湿田とその側溝における大型水生動物の生息状況」、『保全生態学研究』18、2013年、p.77-89

24) 原田信男『中世の村のかたちと暮らし』角川学芸出版、2008年

25) 嶺田拓也、石田憲治、飯嶋孝史「博物館情報を利用したGISによる水田希少植物の分布特性の把握」、『農村計画学会誌』23、2004年、p.219-226

26) 国土地理院「国土地理院の湖沼湿原調査」http://www.gsi.go.jp/kankyochiri/shicchimenseki2.html、2000年

27) Primack RB：*Essentials of Conservation Biology*. Sinauer, 2014

28) Poff NL, Brinson MM, Day Jr. JW：*Aquatic ecosystems and global climate change: potential impacts on inland freshwater and coastal wetland ecosystems in the United States*. Arlington, 2002

29) 日本気象協会編『気候変動の観測・予測及び影響評価統合レポート 日本の気候変動とその影響 2012年度版』文部科学省・気象庁・環境省、2013年
30) 森誠一「ダム構造物の影響 ダム構造物と魚類の生活」、『応用生態工学』2、1999年、p.165-177
31) 川道武男「渓流のオオサンショウウオなどと砂防工事」、『砂防学会誌』50、1997年、p.50-54
32) 高瀬信忠「ダムの魚道に関する研究」、『福井工業大学研究紀要 第二部』32、2002年、p.199-204
33) 安田陽一「魚道整備における工学と生態学との連携」、『日本水産学会誌』73、2007年、p.116-119
34) Morita K, Yamamoto S : Effects of habitat fragmentation by damming on the persistence of stream-dwelling charr populations. *Conservation Biology* 16, 2002, 1318-1323
35) Park YS, Chang JB, Lek S, Cao WX, Brosse S : Conservation strategies for endemic fish species threatened by the Three Gorges Dam. *Conservation Biology* 17, 2003, 1748-1758
36) 菊地修吾、井上幹生「人工構造物による渓流魚個体群の分断化——源頭から波及する絶滅」、『応用生態工学』17、2014年、p.17-28
37) 村岡敬子、天野邦彦、土井隆秀、久保田仁志、三輪準二「高濃度濁水下におけるアユの生存率と懸濁物質の粒度組成の関係」、『魚類学雑誌』58、2011年、p.141-151
38) Yabe T, Ishii Y, Amano Y, Koga T, Hayashi S, Nohara S, Tatsumoto H : Green tide formed by free-floating *Ulva* spp. at Yatsu tidal flat, Japan. *Limnology* 10, 2009, 239-245
39) Wright JP, Jones CG, Flecker AS : An ecosystem engineer, the beaver, increases species richness at the landscape scale. *Oecologia* 132, 2002, 96-101
40) 西川潮「河川生態系のキーストーン種——雑食性エンジニアの機能的役割を解明する（宮地賞受賞者総説）」、『日本生態学会誌』60、2010年、p.303-317
41) Ikeda H, Itoh K : Germination and water dispersal of seeds from a threatened plant species *Penthorum chinense. Ecological Research* 16, 2001, 99-106
42) Niiyama K : The role of seed dispersal and seedling traits in colonization and coexistence of *Salix* species in a seasonally flooded habitat. *Ecological Research* 5, 1990, 317-331

43) McIntosh AR, Peckarsky BL, Taylor BW : The influence of predatory fish on mayfly drift: extrapolating from experiments to nature. *Freshwater Biology* 47, 2002, 1497-1513

44) McIntosh AR, Peckarsky BL, Taylor BW : Rapid size-specific changes in the drift of *Baetis bicaudatus* (Ephemeroptera) caused by alterations in fish odour concentration. *Oecologia* 118, 1999, 256-264

45) Fausch KD, Nakano S, Ishigaki K : Distribution of 2 congeneric charrs in streams of Hokkaido Island, Japan - considering multiple factors across scales. *Oecologia* 100, 1994, 1-12

46) Nakano S, Fausch KD, Kitano S : Flexible niche partitioning via a foraging mode shift: a proposed mechanism for coexistence in stream-dwelling charrs. *Journal of Animal Ecology* 68, 1999, 1079-1092

47) Death RG : Disturbance and riverine benthic communities: what has it contributed to general ecological theory? *River Research and Applications* 26, 2010, 15-25

48) Fausch KD, Taniguchi Y, Nakano S, Grossman GD, Townsend CR : Flood disturbance regimes influence rainbow trout invasion success among five holarctic regions. *Ecological Applications* 11, 2001, 1438-1455

49) DoleOlivier MJ, Marmonier P, Beffy JL : Response of invertebrates to lotic disturbance: Is the hyporheic zone a patchy refugium? *Freshwater Biology* 37, 1997, 257-276

50) Kawanishi R, Inoue M, Dohi R, Fujii A, Miyake Y : The role of the hyporheic zone for a benthic fish in an intermittent river: a refuge, not a graveyard. *Aquatic Sciences* 75, 2013, 425-431

51) Mackay RJ : Colonization by lotic macroinvertebrates - a review of processes and patterns. *Canadian Journal of Fisheries and Aquatic Sciences* 49, 1992, 617-628

52) 御勢久右衛門「大和吉野川における瀬の底生動物群集の遷移」、『日本生態学会誌』18、1968 年、p.147-157

53) Kobayashi S, Gomi T, Sidle RC, Takemon Y : Disturbances structuring macroinvertebrate communities in steep headwater streams: relative importance of forest clearcutting and debris flow occurrence. *Canadian Journal of Fisheries and Aquatic Sciences* 67, 2010, 427-444

54) 倉本宣、本田裕紀郎、八木正徳「丸石河原固有植物と多摩川におけるその生育状況」、『明治大学農学部研究報告』123、2000年、p.27-32

55) Heino J : Are indicator groups and cross-taxon congruence useful for predicting biodiversity in aquatic ecosystems? *Ecological Indicators* 10, 2010, 112-117

56) Hill BH, Herlihy AT, Kaufmann PR, Stevenson RJ, McCormick FH, Johnson CB : Use of periphyton assemblage data as an index of biotic integrity. *Journal of the North American Benthological Society* 19, 2000, 50-67

57) Khan FA, Ansari AA : Eutrophication: An ecological vision. *Botanical Review* 71, 2005, 449-482

58) Schneider S, Melzer A:The trophic index of macrophytes (TIM) - a new tool for indicating the trophic state of running waters. International Review of Hydrobiology 88, 2003, 49-67

59) Jeppesen E, Sondergaard M, Sondergaard M, Christofferson K : *The structuring role of submerged macrophytes in lakes.* Vol. 131, Springer-Verlag, 1998

60) 谷田一三『河川環境の指標生物学』北隆館、2010年

61) 環境省 水・大気環境局、国土交通省水管理・国土保全局「川の生きものを調べよう」www.mlit.go.jp/river/shishin_guideline/suisituhantei/text.pdf、2012年

62) Woodward G, Gessner MO, Giller PS, Gulis V, Hladyz S, Lecerf A, Malmqvist B, McKie BG, Tiegs SD, Cariss H, Dobson M, Elosegi A, Ferreira V, Graca MAS, Fleituch T, Lacoursiere JO, Nistorescu M, Pozo J, Risnoveanu G, Schindler M, Vadineanu A, Vought LBM, Chauvet E : Continental-scale effects of nutrient pollution on stream ecosystem functioning. *Science* 336, 2012, 1438-1440

63) 加進丈二、畑中教子、小野亨、小山淳、城所隆「イヌホタルイの存在が水田内のアカスジカスミカメ発生動態および斑点米被害量に与える影響」、『日本応用動物昆虫学会誌』53、2009年、p.7-12

64) Osawa S, Katsuno T : Dispersal of Brown Frogs *Rana japonica* and *R. ornativentris* in the Forests of the Tama Hills. *Current herpetology* 20, 2001, 1-10

65) Gherardi F, Barbaresi S : Invasive crayfish: activity patterns of *Procambarus clarkii* in the rice fields of the Lower Guadalquivir (Spain). *Archiv Fur Hydrobiologie* 150, 2000, 153-168

66) 平林公男「諏訪湖地域における"迷惑昆虫"ユスリカの大発生とその防除対策 第1報：アカムシユスリカ（*Tokunagayusurika akamusi*）成虫の大量飛来」、『日本衛生学雑誌』46、1991年、p.652-661

67) Otuka A, Matsumura M, Watanabe T, Van Dinh T : A migration analysis for rice planthoppers, *Sogatella furcifera* (Horvath) and *Nilaparvata lugens* (Stal) (Homoptera: Delphacidae) , emigrating from northern Vietnam from April to May. *Applied Entomology and Zoology* 43, 2008, 527-534

68) Aoyama Y, Kawakami K, Chiba S : Seabirds as adhesive seed dispersers of alien and native plants in the oceanic Ogasawara Islands, Japan. *Biodiversity and Conservation* 21, 2012, 2787-2801

69) Brochet A, Guillemain M, Fritz H, GAUTHIER-CLERC M, Green A : Plant dispersal by teal (*Anas crecca*) in the Camargue: duck guts are more important than their feet. *Freshwater Biology* 55, 2010, 1262-1273

70) Costa JM, Ramos JA, da Silva LP, Timoteo S, Araújo PM, Felgueiras MS, Rosa A, Matos C, Encarnação P, Tenreiro PQ : Endozoochory largely outweighs epizoochory in migrating passerines. *Journal of avian biology* 45, 2014, 59-64

71) Figuerola J, Green AJ : Dispersal of aquatic organisms by waterbirds: a review of past research and priorities for future studies. *Freshwater Biology* 47, 2002, 483-494

72) So M, Ohtsuki H, Makino W, Ishida S, Kumagai H, Yamaki KG, Urabe J : Invasion and molecular evolution of *Daphnia pulex* in Japan. *Limnology and Oceanography* 60, 2015, 1129-1138

73) Correia AM, Ferreira O : Burrowing behavior of the introduced red swamp crayfish *Procambarus clarkii* (Decapoda, Cambaridae) in Portugal. *Journal of Crustacean Biology* 15, 1995, 248-257

74) Huner JV : Procambarus. Holidich DM ed : Biology of freshwater crayfish, Blackwell Science, Oxford, 2002, p.541-584

75) Unstad KM, Uden DR, Allen CR, Chaine NM, Haak DM, Kill RA, Pope KL, Stephen BJ, Wong A：Survival and behavior of Chinese mystery snails (*Bellamya chinensis*) in response to simulated water body drawdowns and extended air exposure. *Management of Biological Invasions* 4, 2013, 123-127

76) 豊岡市、地域生態系保全『コウノトリと共生する水田づくり支援事業——平成19年度水田生物モニタリング業務報告書』地域生態系保全、2008年

77) 向井康夫「稲作水系における水生昆虫の保全生態学的研究」博士論文、大阪府立大学、2009年

78) 亀山慶晃、大原雅「浮遊植物タヌキモ類の繁殖様式と集団維持（特集2 クローナル植物の適応戦略）」、『日本生態学会誌』57、2007年、p.245-250

79) 日本植物防疫協会『農薬を使用しないで栽培した場合の病害虫等の被害に関する調査報告』http://www.jppa.or.jp/test/houkokusho.html、1993年

80) 尾崎幸三郎、葛西辰雄「トビイロウンカの野外個体群における薬剤抵抗性の発達と抵抗性型」、『日本応用動物昆虫学会誌』26、1982年、p.249-255

81) Bass C, Field LM：Gene amplification and insecticide resistance. *Pest Management Science* 67, 2011, 886-890

82) Tanaka K, Endo S, Kazano H：Toxicity of insecticides to predators of rice planthoppers: Spiders, the mirid bug and the dryinid wasp. *Applied Entomology and Zoology* 35, 2000, 177-187

83) Matsumura M, Sanada-Morimura S：Recent status of insecticide resistance in Asian rice planthoppers. *Jarq-Japan Agricultural Research Quarterly* 44, 2010, 225-230

84) 神宮字寛、上田哲行、五箇公一、日鷹一雅、松良俊明「フィプロニルとイミダクロプリドを成分とする育苗箱施用殺虫剤がアキアカネの幼虫と羽化に及ぼす影響」、『農業農村工学会論文集』77、2009年、p.35-41

85) 中西康介、田和康太、蒲原漠「栽培管理方法の異なる水田間における大型水生動物群集の比較」、『環動昆』20、2009年、p.103-114

86) 西川潮（編著）『トキを象徴種とした里地の社会生態システムの再生 平成23～25年度自然再生学講座―環境・経済好循環分野―報告書』新潟大学 朱鷺・自然再生学研究センター、2014年

87) 農林水産省農林水産技術会議事務局『農業に有用な生物多様性の指標 生物調査・評価マニュアル—Ⅰ 調査法・評価法』http://www.niaes.affrc.go.jp/techdoc/shihyo/、2012 年

88) Oertli B, Joye DA, Castella E, Juge R, Lehmann A, Lachavanne J : PLOCH: a standardized method for sampling and assessing the biodiversity in ponds. *Aquatic conservation* 15, 2005, 665-680

89) Buchwald R : Vegetation and dragonfly fauna—characteristics and examples of biocenological field studies. *Vegetatio* 101, 1992, 99-107

90) Marsh DM, Trenham PC : Metapopulation dynamics and amphibian conservation. *Conservation Biology* 15, 2001, 40-49

91) 松田裕之、矢原徹一、竹門康弘、波田善夫、長谷川眞理子、日鷹一雅、ホーテス・シュテファン、角野康郎、鎌田磨人、神田房行、加藤真、國井秀伸、向井宏、村上興正、中越信和、中村太士、中根周歩、西廣美穂、西廣淳、佐藤利幸、嶋田正和、塩坂比奈子、高村典子、田村典子、立川賢一、椿宜高、津田智、鷲谷いづみ「自然再生事業指針」、『保全生態学研究』10、2005 年、p.63-75

92) Usio N : Environmentally friendly farming in Japan: introduction. Usio N, Miyashito T ed : *Social-ecological restoration in paddy-dominated landscapes*, Springer, 2014, p.69-86

93) Usio N, Saito R, Akanuma H, Watanabe R : Effectiveness of wildlife-friendly farming on aquatic macroinvertebrate diversity on Sado Island in Japan. Usio N, Miyashito T ed : *Social-Ecological Restoration in Paddy-Dominated Landscapes*, Springer, 2014, p.95-113

94) 呉地正行「水田の特性を活かした湿地環境と地域循環型社会の回復——宮城県・蕪栗沼周辺での水鳥と水田農業の共生をめざす取り組み」、『地球環境』12、2007 年、p.49-64

95) NPO 法人オリザネット『生物多様性向上に寄与するなつみずたんぼ実施検討報告書（要約版）』NPO 法人オリザネット、2010 年

96) Endo C, Nagata H : Seasonal changes of foraging habitats and prey species in the Japanese Crested Ibis *Nipponia nippon* reintroduced on Sado Island, Japan. *Bird Conservation International* 23, 2013, 445-453

図表の引用文献

1) 桐谷圭治(編)『田んぼの生きもの全種リスト 改訂版』、農と自然の研究所・生物多様性農業支援センター、大同印刷、2010年
2) 巖佐庸、倉谷滋、斎藤成也、塚谷裕一(編)『岩波生物学辞典 第5版』岩波書店、2013年
3) 川那部浩哉、水野信彦(監) 中村太士(編)『河川生態学』講談社、2013年
4) 今村知子、斎藤安行「胸の羽毛にヒシの実を付けたオナガガモ」、『我孫子市鳥の博物館調査研究報告』19 (6)、2013年、p1-3

あとがき

　「観察する目が変わる…」という本書のタイトルには、本書で得た知識をきっかけに、いつも見慣れた水辺に「新たな発見」を探し当てる喜びを感じてほしいとの思いを込めています。水辺の生態系のしくみについては未解明な点が多いだけでなく、現在進行形で進む外来種の侵入や、希少野生動植物の絶滅の危険など、生態系保全上の課題も山積みです。皆さんには、生きものたちが水辺で暮らすしくみや、そこに隠されたドラマを自身の目で見つけてほしいと思います。

　身近な自然の荒廃・劣化が進み、人々に気づかれないままひっそり姿を消してしまう水辺の生きものたち。何か私たちにできることはないでしょうか？その一歩として、水辺の生きものが「気になる」人が増えることで、「気にかける」行動につなげる人が増えれば、そうした危機から救えるかもしれません。本書が、読者の皆さんが水辺の生きものがますます「気になる」きっかけをつくれたのなら、著者としてこれ以上の喜びはありません。

　本書を書くにあたり、井上幹生氏（愛媛大学）、加藤和弘氏（放送大学）、大脇淳氏（山梨県富士山科学研究所）、石井潤氏（福井県里山里海湖研究所）には丁寧に校閲いただき、たくさんの有益な指摘を

いただきました。藤立育弘氏には多くのイラストを描いていただきました。また、福田和雄氏と山田博之氏にはすてきな装丁に仕上げていただきました。古谷愛子氏、中津弘氏、西澤誠弘氏、郷間守夫氏、川瀬莉奈氏、伊藤豊彰氏、日鷹一雅氏、大阪純一氏、小林頼太氏、野村進也氏、福島友滉氏、大封裕介氏、大高明史氏、NPO法人能登半島おらっちゃの里山里海、さっぽろ自然調査館、尾瀬保護財団からは写真を提供していただきました。本の編集を担当いただいた永瀬敏章さんには、辛抱強く原稿の完成を待っていただくとともに、企画から完成までお世話になりました。この場を借りて皆様にお礼を申しあげます。

2016年6月　著者を代表して　伊藤 浩二

著者略歴

西川 潮（にしかわ うしお）
金沢大学 環日本海域環境研究センター 准教授。ニュージーランド・オタゴ大学博士課程 動物学研究科 修了。PhD。専門は保全生物学と陸水生態学。外来ザリガニの侵入リスク評価と管理、生物共生農業の振興に基づく水田地帯の自然再生など、陸水域の生物多様性と人間社会の関わりを中心とした研究を進めている。著書に『外来生物──生物多様性と人間社会への影響』（裳華房、編著）、『Social-ecological restoration in paddy-dominated landscapes』（Springer、編著）、『エコシステムマネジメント──包括的な生態系の保全と管理へ』（共立出版、分担）、『淡水生態学のフロンティア』（共立出版、分担）などがある。

伊藤 浩二（いとう こうじ）
金沢大学 地域連携推進センター 特任助教。東京大学大学院修了。博士（農学）。専門は植物生態学。河川や水田の植物種多様性と環境との関係についての研究を行なっている。著書に『里山復権──能登からの発信』（創森社、分担）などがある。

観察する目が変わる水辺の生物学入門

2016年8月25日　初版発行

著者	西川 潮／伊藤 浩二
本文イラスト	藤立 育弘
DTP	WAVE 清水 康広
校正	曽根 信寿
カバーデザイン	福田 和雄（FUKUDA DESIGN）
カバーイラスト	山田 博之

©Nisikawa Usio, Koji Ito 2016. Printed in Japan

発行者	内田 真介
発行・発売	ベレ出版 〒162-0832　東京都新宿区岩戸町12 レベッカビル TEL.03-5225-4790　FAX.03-5225-4795 ホームページ　http://www.beret.co.jp/ 振替 00180-7-104058
印刷	株式会社文昇堂
製本	根本製本株式会社

落丁本・乱丁本は小社編集部あてにお送りください。送料小社負担にてお取り替えします。

本書の無断複写は著作権法上での例外を除き禁じられています。
購入者以外の第三者による本書のいかなる電子複製も一切認められておりません。

ISBN 978-4-86064-480-2 C0045　　　　編集担当　永瀬 敏章

観察する目が変わる
植物学入門

矢野興一 著

A5 並製／本体価格 1700 円（税別）　■ 224 頁
ISBN978-4-86064-319-5 C2045

私たちの身のまわりには、たくさんの植物がありますが、ふだんよく目にする植物でも、意外と知らないことばかりです。図鑑やハンドブックを見れば、名前は調べられます。しかし、数多くある植物の名前を覚えることより、観察する際にどこを見れば良いのか、そのポイントを理解するほうが、植物の生活や生きていくうえでの知恵がわかり、植物への興味が深まります。本書を片手に、実際に植物を手にとって見てみましょう。

観察する目が変わる
昆虫学入門

野村昌史 著

A5 並製／本体価格 1700 円（税別）　■ 224 頁
ISBN978-4-86064-358-4 C2045

昆虫、好きですか？　チョウやトンボ、カブトムシ……。子どもの頃、昆虫とふれあった人も多いと思います。では、昆虫についてどれだけ知っていますか？　本書は、昆虫に関する基本的なことを解説し、観察のポイントやヒントも紹介します。日本にはたくさんの昆虫がいます。まわりに自然がない都市部でも昆虫を観察することはできます。観察に必要なのは「虫の目」をもつこと。本書を読んだら、きっと外に出て昆虫を観察したくなりますよ。

観察する目が変わる
動物学入門

浅場明莉／菊水健史 著

A5 並製／本体価格 1600 円（税別）　■ 184 頁
ISBN978-4-86064-403-1 C0045

「なぜこんなことをするのだろう？」。動物の行動を不思議に思ったことはありませんか？　植物と違い動き回れる動物は、私たちからすれば考えられない、さまざまな行動を見せます。寝る前に不思議な行動をするイヌ、狭いところを通り抜けられるネコ、いつも口をモゴモゴしているウシ、動物園の檻の中で寝てばかりいるライオン、糞を食べるウサギ……。動物を観察する際のポイントをとおして、動物学の基礎を学ぶことができる一冊！

異端の植物「水草」を科学する

田中法生 著
四六並製／本体価格 1700 円（税別）　■ 320 頁
ISBN978-4-86064-328-7 C2045

水草の祖先は、ヒマワリやチューリップと同じように、陸上で生活していました。じゃあ、ヒマワリやチューリップは水中で生きられないの？　水草は、植物の世界では少数派。しかし、水草の生態は不思議がいっぱいです。水草の祖先が陸上での生活を捨て、水中で生きるためには、さまざまな能力が必要でした。それらは創意工夫に満ちあふれていて、まさに水草の歴史は進化の驚異そのものです。「水草はなぜ水中を生きるのか？」そんなことを考えながら、水中を生きる植物たちの世界を旅しましょう。

植物の体の中では何が起こっているのか

嶋田幸久／萱原正嗣 著
四六並製／本体価格 1800 円（税別）　■ 352 頁
ISBN978-4-86064-422-2 C0045

動物のように動き回ることのできない植物。しかし、地球上に多種多様な植物が繁栄していることからわかるように、彼らは環境の変化にうまく対応し、進化してきたのです。植物たちは、まわりの環境をどのように感じとり、どのようなメカニズムをもって生きているのでしょうか。本書は、意外と知らない光合成や、生長や代謝にかかせない植物ホルモンのはたらきなど、植物の体の中で起こっている「生きる仕組み」を紹介します。

学んでみると
生態学はおもしろい

伊勢武史 著

四六並製／本体価格 1500 円（税別） ■ 248 頁
ISBN978-4-86064-343-0 C0045

「21 世紀は環境の世紀」です。世の中はエコ、エコ、エコって言っていますが、あなたのその「エコ」、本当にあっていますか？ 環境を考える上で役に立つ知識が生態学（エコロジー）です。本書は、サイエンスとしての生態学の基本的な理論を丁寧に解説し、環境を科学的・客観的にとらえる考え方を身につけられます。これからの時代を生きる人の必修科目である生態学をイチから学びましょう。これが本当のエコロジーです！

学んでみると
生命科学はおもしろい

田口英樹 著

四六並製／本体価格 1500 円（税別） ■ 232 頁
ISBN978-4-86064-382-9 C0045

iPS 細胞や遺伝子、ゲノム解析、病気や薬に関する研究など、生命科学は私たちの生活に密接に関係しています。これからますます発展していく生命科学の知識を持つことは、現代人にとって必須といえるでしょう。本書は、「生命とは何か」を考えることからはじめ、「細胞」や「タンパク質」、「代謝」、「DNA」、生活に大きな影響を与える「健康と病気」、「人工的に生命は創れるのか」といった最先端のテーマまで、丁寧に解説していきます。

系統樹をさかのぼって見えてくる進化の歴史

長谷川政美 著

B5変形／本体価格 2600 円（税別） ■ 192 頁
ISBN978-4-86064-410-9 C0045

この十数年で急速に明らかになってきている、生命がたどってきた進化の歴史。地球上にいるあらゆる生物は、ひとつの共通祖先から進化して、300万種以上に分かれたと考えられています。ヒトにいちばん近いチンパンジーはもちろん、カエル、クラゲ、キノコ、そして高い山に人知れず咲くシャクナゲも、ヒトとの共通祖先から分かれてそれぞれ進化してきたのです。本書は、系統樹を用いてヒトの祖先を15億年さかのぼり、進化や種分化の歴史、生物の多様性などを"体験"する科学ビジュアル読み物です。

個性は遺伝子で決まるのか

小出剛 著

四六並製／本体価格 1500 円（税別） ■ 192 頁
ISBN978-4-86064-457-4 C0045

自分の性格をなおしたいと思ったことはありませんか。この性格は親から受け継いだので仕方がないと思っている人もいるかもしれません。世の中には、さまざまな個性をもった人たちがいますが、個性を生み出すのは遺伝子の仕業なのでしょうか。双子や精神病患者の研究、マウスを用いた研究など、「生まれか育ちか（遺伝か環境か）」を調べてきた歴史を振り返り、最先端の話題をまじえながら、個性と遺伝の関係について考えていきます。

となりの野生動物

高槻成紀 著

四六並製／本体価格 1700 円（税別） ■ 256 頁
ISBN978-4-86064-453-6 C0045

東京 23 区にも生息するタヌキ、すみかを追われたウサギやカヤネズミ、人が持ち込んだアライグマ、人里に出没したり、田畑に被害を与えたりするクマやサル、シカ。野生動物は、私たち人間にとって身近な「隣人」です。私たちはその隣人のことをどこまで知っているでしょうか。野生動物の生態から人間との関係性まで、「動物目線」で野生動物を見続けてきた著者が伝える。野生動物について考えるキッカケになる一冊。

見えない巨人―微生物

別府輝彦 著

四六並製／本体価格 1400 円（税別） ■ 264 頁
ISBN978-4-86064-450-5 C0045

蒸した米を酒に、練った小麦粉をパンに変える一方、食べ物を腐らせたり、恐ろしい伝染病を起こしたりするのも微生物。そして、動植物の遺骸や人間が作りだすゴミを分解し、地球と共生しながら地球を回しているのも微生物。では微生物とは一体どんな生き物なのでしょうか？じつは答えるのが難しいこの問いに対し、本書では、「見えない」「巨大な」「多様な」という 3 つの形容詞を鍵にして語ります。そして、その中でも「多様性」について、「発酵する微生物」「病気を起こす微生物」「環境の中の微生物」の 3 つのトピックに分けて、詳しく解説していきます。